Enseignement Scientifique et Technique.

École Spéciale de Travaux publics.

École pratique d'Ingénieurs de Travaux.

M. Léon Eyrolles, Ingénieur-Directeur.

Section du Bâtiment.

Cours raisonné et détaillé du Bâtiment.

4ᵉᵐᵉ Partie — Notions sur la Résistance des Matériaux spécialement appliquée au Bâtiment.

Professeur: M. G. Espitallier, Lᵗ Colonel du Génie,

Ancien professeur du Cours de Construction à l'École d'application de Fontainebleau.

Paris.
École Spéciale de Travaux Publics,
12, Rue Du Sommerard et 3, Rue Thénard (Boulevard Sᵗ Germain).

1904.
Propriété du Directeur de l'École.

Notions de Résistance des Matériaux appliquée au Bâtiment.

Chapitre 1er.

Considérations générales.

§ I.

Vues générales sur les théories de la Résistance des Matériaux.

Caractères des différents matériaux au point de vue de la résistance aux efforts extérieurs.

1. — Un examen rapide des lois de la résistance des matériaux s'impose aussitôt que l'on veut étudier l'emploi du bois et du fer dans la construction.

Ce sont là, en effet, des matériaux bien différents de ceux qui entrent dans la maçonnerie.

Lorsqu'il s'agit d'un massif de pierres ou de briques, la Résistance des Matériaux n'intervient guère qu'en ce qui concerne l'écrasement pouvant résulter de la _compression_ due aux surcharges verticales, et, dans certains cas, à des poussées obliques.

Si l'on parle des efforts d'_extension_ auxquels certaines parties du massif peuvent être soumises, c'est pour recommander d'éviter toutes les occasions de mettre en jeu de pareils efforts auxquels la maçonnerie est incapable de résister.

Quant à la flexion, bien qu'il soit exagéré de dire que des massifs de maçonnerie n'aient jamais à en subir les effets et bien qu'on puisse même citer des exemples de déformation d'un mur par flexion, ce sont là des cas particuliers qu'il est inutile d'envisager. La sagesse commande seulement de se tenir fort en deçà des limites de charge où ces effets pourraient se manifester, et nous avons indiqué ces limites dans la deuxième partie de ce Cours (Maçonneries).

2. — Le bois et les métaux usités en construction (fonte, fer et acier) sont au contraire propres à résister à toute sorte d'efforts et leur mode d'emploi est précisément basé sur cette propriété. En même temps, on est conduit, dans les applications, à économiser les quantités mises en œuvre de ces matériaux, soit parce qu'ils coûtent relativement cher et qu'il convient de réduire la dépense, soit pour ne pas charger inutilement les ouvrages et les points d'appui.

Dès lors il est naturel de calculer rigoureusement les dimensions des pièces pour qu'elles résistent strictement aux forces qui les sollicitent.

3. — Il....

3._ Il existe d'ailleurs des différences notables, comme nous l'avons dit en commençant, entre ces matériaux et ceux qui constituent la maçonnerie, et la principale de ces différences caractéristiques, c'est que les métaux et les bois sont élastiques, tandis que la maçonnerie ne l'est pour ainsi dire pas.

Définition de l'élasticité.

4._ Que faut-il donc entendre par l'Elasticité ?

C'est la propriété que possèdent certains corps déformés par l'action de forces extérieures, de revenir à leur forme primitive aussitôt qu'ont cessé les causes qui avaient provoqué la déformation.

Caractères des formules de la Résistance des matériaux.

5._ L'étude mathématique de l'élasticité a donné lieu à des théories très-savantes. Il semblerait qu'il doit suffire d'appliquer les résultats de ces théories aux corps qui nous préoccupent pour formuler les lois de la Résistance des matériaux, qui serait ainsi une science exacte et rigoureuse.

Cette conclusion n'est malheureusement pas tout à fait vraie.

Les théories de la mécanique rationnelle conduisent, en effet, à des lois d'une exactitude formelle ; mais elles ne s'appliquent qu'à des systèmes matériels invariables et sans défauts, à des corps en quelque sorte idéaux et parfaits.

La théorie de la résistance des matériaux a pour but, au contraire, d'accommoder ces lois aux systèmes matériels tels que les offre la nature, tels qu'ils se présentent dans la pratique de la construction.

Ces corps naturels sont aussi variés dans leur structure que dans leurs propriétés qui varient à l'infini d'un échantillon à un autre et même pour les diverses parties d'un même échantillon.

Comment pourrait-on tenir compte d'éléments si complexes pour arriver à une analyse rigoureuse ?

Non, il ne faut pas tant demander à la Résistance des matériaux, et il convient dè dire dès le seuil de cette étude, que les formules qu'on peut appliquer aux corps naturels sont nécessairement appuyées sur l'_observation_ autant que déduites des lois découlant de la _théorie pure._

6. — C'est sur l'observation que les Ingénieurs fondaient jadis toute leur science, et les seules formules dont ils faisaient usage constituaient des _règles empiriques_ basées sur l'expérience tirée d'ouvrages analogues et choisis parmi les plus remarquables au point de vue de la stabilité.

Les formules qu'une science plus avancée permet d'établir aujourd'hui ont encore un caractère _semi-empirique_, et reposent toujours sur quelques hypothèses préalables visant aussi bien la _nature des corps_ que le _mode d'action des forces_ auxquelles ils sont soumis.

7. — Ces quelques considérations sur le véritable caractère des règles formulées dans la _Résistance des matériaux_, nous ont semblé indispensables à rappeler, pour bien fixer le lecteur sur la réelle portée de ces règles et lui éviter de demander à la théorie plus qu'elle ne peut donner.

Ce qu'elle peut donner, c'est la sécurité, en fixant les limites d'efforts qu'il ne faut pas dépasser sans tomber, en quelque sorte, dans une zone dangereuse.

Pour...

Pour atteindre ce but, voici comment on procède :

8. — L'expérience permet de déterminer la charge de rupture pour une matière déterminée, c'est à dire la charge qui, appliquée à un échantillon de dimensions unitaires, provoque la rupture.

Dans l'application on se gardera bien de soumettre les matériaux à une charge aussi grande, ni même à une charge qui en approche. — On se dira : nous ne dépasserons pas un effort 2 fois, 5 fois, 10 fois plus faible. — La limite que nous fixons ainsi, — un peu arbitrairement d'ailleurs, — prend le nom de charge de sécurité, et le rapport de la charge de rupture à la charge de sécurité (2,5 ou 10 dans les exemples choisis) sera le coefficient de sécurité.

9. — Pendant longtemps on s'est contenté de fixer la charge de sécurité pour un cas déterminé, en prenant cette charge uniforme comme limite pour le calcul des pièces dans tous les cas possibles.

Or il est arrivé que des ouvrages d'art métalliques qui semblaient très-bien établis et qui avaient montré une stabilité suffisante, se sont écroulés au bout de plusieurs années de mise en service, sans cause apparente, c'est à dire sans qu'on les eût tout à coup soumis à des efforts plus grands que ceux qu'ils avaient journellement supportés jusque là (Ex: la catastrophe du pont de Mönchenstein).

On s'est aperçu alors que ces ouvrages étaient soumis, par exemple, dans le cas du passage de trains de chemin de fer, à des vibrations ou à des chocs, et il a bien fallu en conclure que les chocs et les vibrations produisaient des effets tout autres et beaucoup plus considérables que ceux des charges régulières ou permanentes, des charges statiques en un mot.

Expériences et lois de Wöhler.

10. — Wöhler, Directeur des Chemins de fer Alsaciens, a vérifié ce fait au moyen d'expériences nombreuses qui l'ont conduit à formuler des lois importantes, qu'on peut énoncer ainsi :

1° — On peut provoquer la rupture par une charge répétée toujours plus faible que la charge statique de rupture ;

2° — Il faut un nombre de répétitions d'autant plus grand que l'intensité de la charge est plus réduite ;

3° — Si l'on expérimente des charges de plus en plus réduites, il existe une limite inférieure, en dessous de laquelle la charge est incapable d'opérer la rupture, quel que soit le nombre des répétitions.

11. — M. Considère, Inspecteur Général des Ponts et Chaussées, a donné à cette charge limite le nom de **limite dangereuse**.

C'est en dessous de cette limite que se trouve la zone de sécurité réelle. En la franchissant, au contraire, on entre dans la **zone dangereuse**.

12. — Dans la plupart des cas, la pièce est soumise à une charge permanente (ne serait-ce que son propre poids) et à une surcharge intermittente.

Il ressort des expériences de Wöhler que :

La limite dangereuse est égale :

a) - à la charge de rupture, quand la charge est permanente ;

b) — à la limite d'élasticité, quand la charge permanente étant nulle, la pièce soumise à un effort intermittent revient chaque fois, complètement à son état primitif ;

c) — enfin, lorsque les efforts sont alternatifs et égaux (compression et traction successives) la limite dangereuse est la moitié seulement de la limite d'élasticité.

13. — Il est clair que la charge de sécurité doit être différente dans chacun de ces trois cas. Si l'on désigne par R la limite de sécurité statique et par S la limite de sécurité dynamique et statique à la fois (pour tenir compte des chocs ou vibrations) on prendra,

dans le premier cas *a)* : — $S = R$
dans le second *b)* : ——— $S = \frac{3}{2} R$
dans le troisième : ——— $S = \frac{1}{2} R$

14. — Empressons-nous de dire que les vibrations répétées sont peu importantes dans le bâtiment. Il n'en était pas moins nécessaire de donner ici ces rapides considérations, parce qu'elles éclairent et font mieux comprendre le mécanisme de la fatigue qui se produit dans les corps composant la construction.

§ 2.

Nature des corps au point de vue de leurs déformations.

———————

15. — Les corps solides, au point de vue de leurs déformations, peuvent se classer en deux catégories.

Ils sont :

1°. — _Mous ou plastiques_ lorsqu'ils gardent, comme la cire ou la glaise mouillée, toutes les déformations qu'on leur imprime, après qu'en a cessé la cause;

2°. — _Élastiques_, lorsqu'ils reviennent, au contraire, à leur forme primitive. Cette propriété est due à l'action de forces intérieures, telles que la _cohésion_, qui entrent en jeu par l'effet de la déformation et s'exercent de molécule à molécule.

Des premiers (mous ou plastiques), nous n'avons pas à nous occuper ici. Ils n'entrent point dans la construction.

Corps élastiques. 16. — Quant aux seconds, il convient de dire immédiatement _qu'il y a des degrés dans leurs propriétés élastiques._

Nous les appellerons: parfaitement élastiques, s'ils reprennent _complètement_ leur forme quelle que soit la grandeur de l'effort subi.

La théorie ne connait que ceux là, mais la nature n'est point aussi radicale, et tous les corps que nous aurons à considérer seront situés entre les extrêmes: ni complètement mous, ni complètement élastiques.

On les dit: _semi-élastiques_, et, parmi ceux-ci, il faudra encore distinguer ceux qui sont _souples_, comme le caoutchouc: ce sont ceux qui cèdent au moindre effort avec des déformations considérables.

Les autres sont _durs_. Leurs déformations sont relativement faibles sous des efforts importants.

Ce sont ceux-là qui nous intéressent surtout.

Dumode....

Du mode de déformation des corps semi-élastiques.

17. — Il est intéressant de voir comment les corps semi-élastiques se comportent sous des efforts croissants jusqu'à la rupture.

Par exemple, on pourra fixer au plafond une tige de fer pendant verticalement et lui suspendre un seau que l'on charge avec de l'eau.

La tige est ainsi soumise à une traction qui provoque un allongement dont on peut aisément relever la mesure. Lorsqu'on laisse l'eau s'écouler, la traction cesse et l'on peut constater si la barre revient complètement ou partiellement à sa longueur primitive.

Période d'élasticité. 18. — Or, pour les corps semi-élastiques voilà ce que l'on constate :

En partant de zéro et soumettant la barre à des charges constantes, la barre revient complètement à sa longueur primitive lorsque la charge est enlevée. Le corps se comporte donc comme s'il était parfaitement élastique. Tant que la disparition de la déformation est complète, on dit qu'on est dans la période d'élasticité.

Période de ductilité. 19. — Puis, si l'effort augmente encore, le corps ne revient plus tout à fait à sa dimension primitive. Quand on enlève la charge, une partie de l'allongement (puisqu'il s'agit d'allongement dans notre exemple) disparaît, il est vrai ; mais il reste un allongement permanent assez faible d'abord, mais qui devient de plus en plus sensible, à mesure qu'on opère avec des charges de plus en plus grandes.

Ainsi la _déformation_ totale se décompose en deux parties, l'une qui disparaît quand cesse l'effort : on l'appelle la _déformation élastique_ ; l'autre qui subsiste et qui prend le nom de _déformation permanente_.

Aussitôt qu'apparaît une déformation permanente, on dit qu'on entre dans la _période de ductilité_. Cette période s'étend jusqu'à la rupture.

Limite d'emploi des matériaux.

20 — Il est à peine nécessaire de faire observer que dans une construction, il faut que les matériaux destinés à subir des efforts variant sans cesse, reviennent aussi complètement que possible en leur état primitif, aussitôt que ces efforts cessent d'agir.

Il importe donc que les forces éventuelles qui peuvent les affecter ne les fassent jamais sortir de la période d'élasticité.

Les formules ne sont établies que pour ce cas bien délimité.

Hypothèse sur la nature des corps auxquels on applique les lois de la Résistance des matériaux.

21. — Nous avons dit la différence qui existe entre les

systèmes matériels envisagés dans la mécanique rationnelle et les corps naturels auxquels doit s'appliquer la résistance des matériaux.

Il serait impossible de faire cette théorie si l'on ne supposait pas que ces corps jouissent de certaines propriétés communes et l'on s'appuie sur une hypothèse préalable qui peuvent s'énoncer ainsi :

Hypothèse de Bernouilli.

22. — Tant que l'on ne dépasse pas la limite d'élastique, on admet que la déformation permanente est négligeable, et que le corps se comporte comme un corps parfaitement élastique.

Cette hypothèse permet de lui appliquer les lois mathématiques de l'élasticité. Ces lois à leur tour ont pour point de départ les deux lemmes suivants :

23 — Lemme 1ᵉʳ — Si l'on considère deux points matériels quelconques, dans l'intérieur du corps, et la file de molécules qui les réunit en ligne droite, la distance de ces deux points s'allongera dans le cas d'une traction, se raccourcira dans le cas d'une compression, mais ces variations de longueur seront toujours proportionnelles aux efforts qui les produisent. — C'est-à-dire que si une force F produit un allongement (ou un raccourcissement) i, une force $2F$ produira un changement de longueur $2i$ etc.......

24. — Lemme 2. — Toutes les molécules qui se trouvent dans un même plan avant que la force agisse, seront encore dans un même plan lorsque la déformation s'est produite.

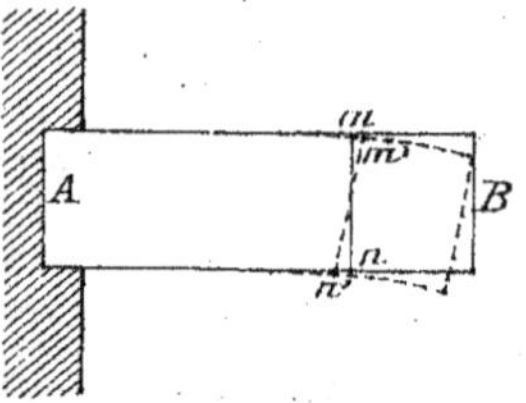

Fig. 1.

Si, par exemple, nous soumettons un barreau AB à un effort transversal qui le fait fléchir, et si nous cherchons ce que deviennent les molécules primitivement situées dans une section plane m n, nous les retrouverons dans une section plane m' n' de la pièce fléchie.

Remarque.

25. — Il importe de remarquer immédiatement que, même dans les limites élastiques, ce second lemme n'est jamais qu'imparfaitement justifié. Il suppose, en effet, une complète homogénéité dans la structure de la pièce et une complète isotropie, c'est-à-dire la même élasticité partout et dans tous les sens.

Or, sans parler du bois dont la structure est loin d'être homogène, on sait bien qu'un barreau de métal lui-même est loin de remplir cette condition et que sa surface, par exemple, a été modifiée par le tréfilage ou le martelage.

Toutefois, l'expérience prouve que l'on peut sans inconvénient accepter cette hypothèse dans les limites où l'on fait travailler les matériaux.

§ 3.

Nature des efforts auxquels les corps sont soumis.

26. — Les corps que l'on considère dans l'étude de la Résistance des matériaux sont des corps prismatiques, généralement allongés suivant une de leurs dimensions. Si l'on prend les centres de gravité d'une série de sections transversales la ligne qui les joint prend le nom d'axe ou de fibre moyenne.

27.— Quelle que soit la direction d'une force agissant en un point quelconque A situé dans une section transversale A B C D, on peut décomposer cette force suivant deux directions, l'une fx parallèle à l'axe moyen, l'autre fy perpendiculaire à cet axe, c'est-à-dire dans le plan de la section transversale (La figure suppose que la force est située dans un plan de symétrie vertical).

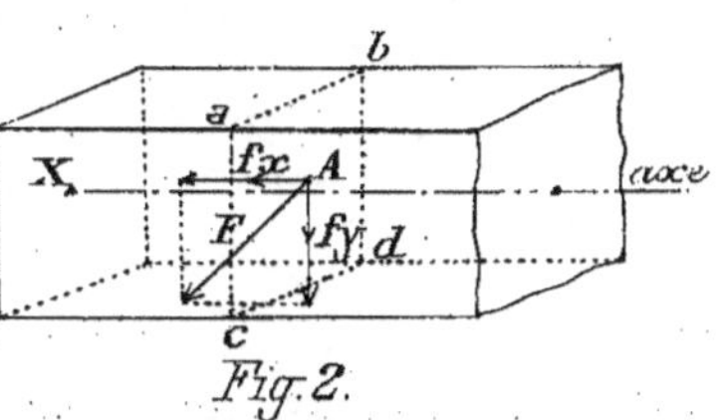

Fig. 2.

28. — Or, il est en mécanique, un principe qu'on appelle le principe de l'indépendance des effets des forces, en vertu duquel on peut analyser séparément le travail auquel la pièce est soumise par chacune des forces qui agissent sur elle.

Ces effets sont indépendants les uns des autres; mais ils s'ajoutent pour donner le travail total et définitif de la matière.

Dans ces conditions, nous voyons qu'une pièce prismatique, comme celle du N°. 27, aura à subir deux genres d'efforts:

Les efforts longitudinaux, c'est-à-dire parallèles à l'axe;

Les efforts transversaux, c'est-à-dire perpendiculaires à l'axe.

Efforts longitudinaux.

29.— Si l'on considère le corps comme composé d'une infinité de tranches minces accolées, un effort longitudinal F s'exerçant perpendiculairement à la tranche a b c d, aura pour effet, soit de la coller contre sa voisine, et alors on aura un effet de compression, soit de tendre à l'arracher et l'on aura un effort de traction ou d'extension.

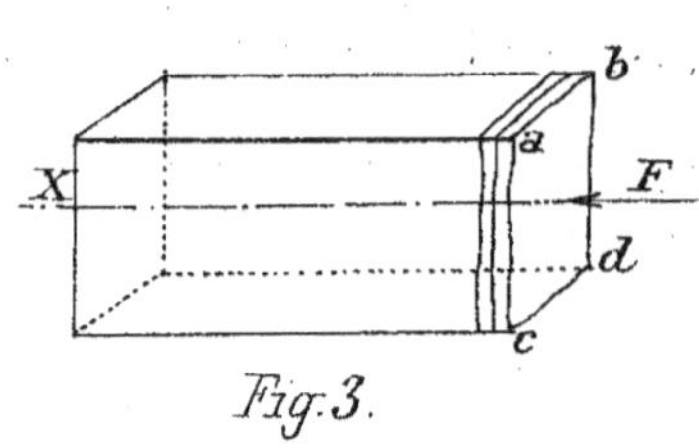

Fig. 3.

Dans les deux cas, chaque petite tranche transmettra l'effort qu'elle reçoit à sa voisine, et ainsi de proche en proche tout le long de la pièce.

S'il s'agit d'une compression, _toutes_ les tranches successives seront ainsi comprimées. S'il s'agit d'une traction, elles seront tirées, au contraire, et si elles ne se séparent pas les unes des autres, c'est uniquement grâce à une force intérieure — la _cohésion_ — qui retient les molécules de la matière pour ainsi dire attachées les unes aux autres.

Efforts transversaux.

29. — Passons au cas des efforts transversaux.

Si nous admettons que toute la partie M de gauche de la pièce est solidement maintenue en place (par exemple au moyen d'un encastrement) la force F tendra à déplacer la tranche a b c d, en la faisant glisser sur sa voisine. C'est ce qu'on appelle l'_effort tranchant_ ou le _cisaillement_.

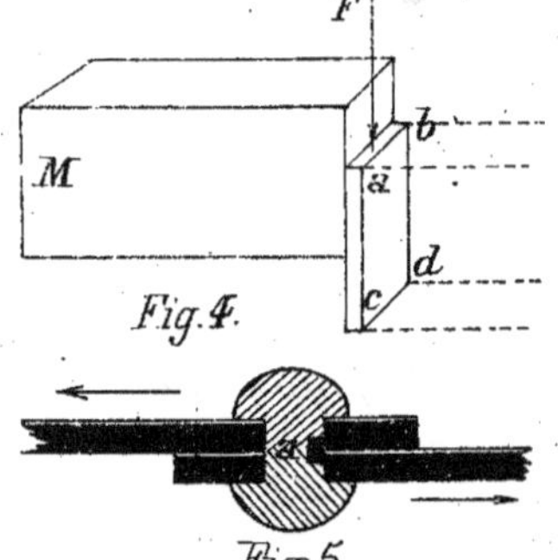

Fig. 4.

Fig. 5.

Ce dernier nom s'applique lorsqu'il s'agit d'un boulon ou d'un rivet posé au travers de deux tôles tirant en sens contraire l'une de l'autre. Le corps du rivet tend alors à se couper suivant la section a b. On dit qu'il se _cisaille_.

On applique le mot d'effort tranchant au cas d'une pièce de charpente subissant des efforts transversaux tendant à la rompre comme dans la figure 4.

Efforts composés.

30 — La combinaison des divers efforts simples que nous venons d'indiquer donne lieu à des efforts composés et prend, suivant les cas, le nom de _flexion_ ou de _torsion_.

Nous reviendrons longuement sur la flexion. Quant à la torsion, si elle se fait sentir fréquemment dans les pièces de machines, elle intervient rarement dans la construction du bâtiment et nous ne nous en occuperons pas ici.

Forces extérieures et intérieures.

31 — On appelle _forces extérieures_ toutes celles qui proviennent d'une cause extérieure au corps considéré.

Par ex. une poutre est posée sur deux appuis et supporte une ou plusieurs surcharges.

Ces charges sont des forces extérieures; mais il en est d'autres: ce sont les réactions des points d'appui. Celles-ci ne sont pas immédiatement apparentes; elles n'en existent pas moins. Ce sont ces réactions qui s'opposent à la chute de la pièce: elles coopèrent à l'équilibre définitif.

Les _forces intérieures_ sont celles que les déformations provoquent de molécule à molécule.

But de la résistance des Matériaux.

32. — La théorie de la Résistance des Matériaux a pour but de déterminer les conditions d'équilibre et, ensuite, d'en déduire les éléments que l'Ingénieur a le plus d'intérêt à connaître.

Chaque problème donne lieu à l'établissement d'une _formule_ d'équarrissage, qui permet de déterminer les dimensions qu'il est indispensable de donner à la pièce.

En.....

En outre, il est bon de savoir calculer la valeur de la déformation (allongement, raccourcissement, flèche de courbure) car, dans la pratique, il importe que cette déformation ne dépasse pas une certaine limite. Le calcul de la déformation constitue donc une indication précieuse.

Chapitre II.

Extension ou traction.

— §: 1 —

Aperçu général.

Formule de l'allongement.   33. — Le lemme 1 (N° 23) montre immédiatement que les allongements sont proportionnels aux efforts qui les produisent.

Soit ω l'aire de la section transversale de la barre considérée.

l sa longueur;

F la force qui l'étire.

Il convient tout d'abord de rapporter l'effort à l'unité de surface de section. — Si F agit sur la surface ω, cela équivaut à dire que chaque unité de surface subit un effort :

$$t = \frac{F}{\omega},$$

et l'on dit que la matière travaille au taux t (par unité de section). On dit aussi que t est la tension de la pièce.

En appliquant simplement l'effort t à une barre qui aurait l'unité de longueur et l'unité de section on obtiendrait un allongement λ_0 qu'on appelle l'allongement pour cent (%), et notre théorème montre que l'allongement λ_o sera proportionnel à t, c'est à dire qu'on pourra poser :

$$\lambda_o = \frac{1}{E}\, t \qquad \text{ou} = \frac{1}{E}\,\frac{F}{\omega} \text{ , puisque } t = \frac{F}{\omega} \qquad (1)$$

en désignant par $\frac{1}{E}$ un coefficient constant pour chaque matière déterminée.

D'autre part, l'effort se transmettant tout le long de la barre, l'allongement est proportionnel à la longueur et si nous désignons par λ l'allongement d'une barre de longueur l, on aura :

$$\lambda = \lambda_o\, l.$$

ou, sous une autre forme : $\qquad \lambda = \frac{1}{E}\, t\, l.$ $\qquad (2)$

Telle est la formule de l'allongement.

Coefficient
d'élasticité.

34. — Le coefficient E, constant pour chaque espèce de matériaux, varie au contraire d'une espèce à l'autre : c'est une caractéristique de l'élasticité du corps considéré. C'est pourquoi on le désigne sous le nom de <u>coefficient d'élasticité</u>.

Quelle est la signification de ce coefficient ?

Il suffit, pour s'en rendre compte, de faire $\lambda = l$ dans la formule, c'est-à-dire de supposer que la pièce a doublé de longueur.

La formule donne alors :

$$E = t.$$

Cela veut dire que le coefficient E représente le taux t du travail de la matière pour que l'allongement λ soit égal à la longueur primitive de la pièce.

Empressons nous de dire que c'est là une conception toute théorique car, parmi les corps usités dans la construction il n'en est point qui puisse supporter un pareil allongement sans se rompre.

Valeur du coefficient d'élasticité.

35 — La valeur du coefficient d'élasticité est déterminée par l'expérience pour les divers matériaux en usage. En prenant le millimètre carré pour unité de surface le tableau suivant donne cette valeur moyenne pour les principaux matériaux que nous aurons à mettre en œuvre :

	Bois	Fonte	Fer	Acier
Valeur moyenne de E (rapportée au m/m^2)	1.000	10.000	20.000	22.000

C'est-à-dire qu'une barre de $1^m 00$ de longueur et de 1^{mm^2} de section, sous la charge de 1 Kilog, d'après la formule, subira un allongement de :

$$\frac{1}{E} \quad \text{ou} \quad \frac{1}{1000} \quad \text{c'est-à-dire } 1^{mm} \text{ si elle est en bois.}$$

$$\frac{1}{E} \quad \text{ou} \quad \frac{1}{20.000} \quad \text{c'est-à-dire } 0^{mm}{,}5 \text{ si elle est en fer.}$$

Limite d'élasticité. Charges de rupture et de sécurité.

36 — Les trois éléments caractéristiques qu'il est nécessaire de connaître pour chacun des matériaux employés sont en définitive : la <u>limite d'élasticité</u>, la <u>charge de rupture</u>, et la <u>charge de sécurité</u>.

Les deux premières sont données par l'expérience.

Quant à la charge de sécurité, c'est une fraction de la charge de rupture, qui doit être bien inférieure encore à la limite d'élasticité. On détermine quelle est la fraction la plus convenable d'après l'examen des ouvrages bien construits et ayant bien résisté.

37.

Tableau

des trois éléments pour les efforts de traction
et pour les principaux matériaux.

(rapportés au $^m/_m{}^2$ de section).

Nature des matériaux	Limite d'élasticité	Charge de rupture	Charge de sécurité R.
Peuplier	1 Kil	2 Kil	0^K,3
Chêne ou sapin	2 "	4 "	0, 6
Fonte grise	6 "	12 "	2. "
Fer	16 "	33 "	6. "
Acier doux	24 "	45 "	9. "

Comme on le voit, la limite d'élasticité est environ la moi de la charge de rupture, la charge de sécurité, que l'on désigne par la lettre R est environ le 1/3 de la limite d'élasticité et le 1/ de la charge de rupture.

On la prend même souvent du 1/10 de la charge de ruptu pour les métaux et plus petite encore dans le cas où des vi brations sont à craindre (N° 13).

Remarque —

38. — <u>La limite d'élasticité n'est pas exactement la même dans le sens longitudinal et dans le sens transversal.</u>

Elle est plus faible dans ce dernier sens. On peut admettre que le rapport des deux valeurs de la limite d'élasticité est :

$$\frac{1}{4} \quad \text{pour les bois,}$$

$$\frac{1}{6} \quad \text{pour le fer laminé.}$$

On prendra le même rapport pour les charges de sécurité :

$$R' \text{ (transversal)} = \tfrac{1}{4} \; R \text{ (longitudinal) pour les bois,}$$

$$R' \underline{\hspace{2cm}} = \tfrac{1}{6} \; R \underline{\hspace{2cm}} \text{ pour le fer laminé.}$$

Formule d'équarrissage à la traction.

39 — Il est facile dès lors d'établir la formule d'équarrissage ; puisque R est le taux le plus élevé où la matière doit travailler par unité de section, une pièce de section ω ne devra pas être soumise à un effort F supérieur à $R\,\omega$,

$$\text{ou} \qquad F = R\,\omega.$$

Application. —

40 — <u>Quel effort de traction pourra supporter au maximum une barre de fer carré dont la section a 4ᵐ/ₘ de côté ?</u>

La section est : $\omega = 4 \times 4 = 16 \;{}^{m}/_{m}{}^{2}$.

La charge de sécurité du fer (par ${}^{m}/_{m}{}^{2}$) est :

$$R = 6^{K} \qquad (N°\,37)$$

Donc la force de traction ne devra pas dépasser :

$$F = R\,\omega = 16 \times 6 = 96^{K}.$$

<u>Calcul....</u>

Calcul de l'allongement.

41. — Nous avons vu (N° 33) que l'allongement, pour l'unité de longueur est :

$$\lambda_0 = \frac{1}{E}\, t$$

S'il s'agit de fer travaillant à sa charge de sécurité

$$t = R = 6^k \ (mm^2).$$

$$\frac{1}{E} = \frac{1}{20\,000}.$$

Dans l'exemple ci-dessus on aurait donc :

$$\lambda_0 = \frac{6}{20\,000} = 0,0005 \text{ ou } {}^5\!/_{10} \text{ de millimètre par } 1^m \text{ de long.}$$

et si la barre avait 5^m de longueur, l'allongement serait :

$$\lambda = 5\,\lambda_0 = 0,0025, \text{ soit } 2,5 \text{ millimètres.}$$

Choix des unités.

42. — Il est évident que R et ω doivent être exprimés au moyen d'unités correspondantes.

Nous avons rapporté R et ω au mm^2. Si l'on prend le mètre carré pour unité, R se trouverait multiplié par $\overline{1000}^2$ ou $1.000.000$, et l'on aurait :

pour le bois : $R = 600.000$.
pour le fer : $R = 6.000.000$.

§. 2 - Analyse...

§. 2.

Analyse des phénomènes d'allongement jusqu'à la rupture. Striction.

Courbe des allongements.

113. — Lorsqu'on soumet un échantillon d'une matière à des efforts de traction, on peut représenter graphiquement la suite du phénomène en prenant sur un axe OX, des abscisses proportionnelles au taux du travail auquel la matière est soumise, et en ordonnées des longueurs proportionnelles aux allongements correspondants.

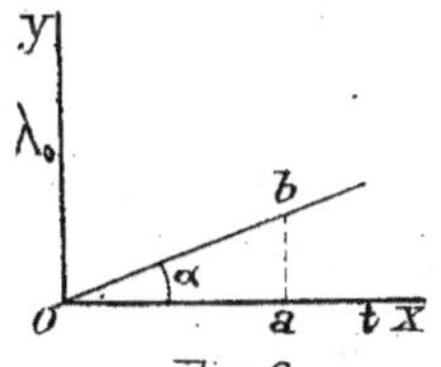

Fig. 6.

Pour chaque valeur oa du taux t, on a une valeur ab de λ_o, et puisque cet allongement est, d'après la formule, proportionnel au taux t, il en résulte évidemment que tous les points b sont sur une droite ob passant par l'origine o et faisant avec l'axe OX un angle α tel que

$$\operatorname{tg}\alpha = \frac{ba}{oa} \quad \text{ou} = \frac{\lambda_o}{t} = \frac{1}{E}.$$

C'est une nouvelle signification géométrique du coefficient d'élasticité.

114. — ......

44. — Ce que nous venons de dire n'est vrai que dans la période d'élasticité. Autrement dit le point b ne suit une ligne droite que jusqu'à ce qu'on atteigne la limite d'élasticité, en e par exemple.

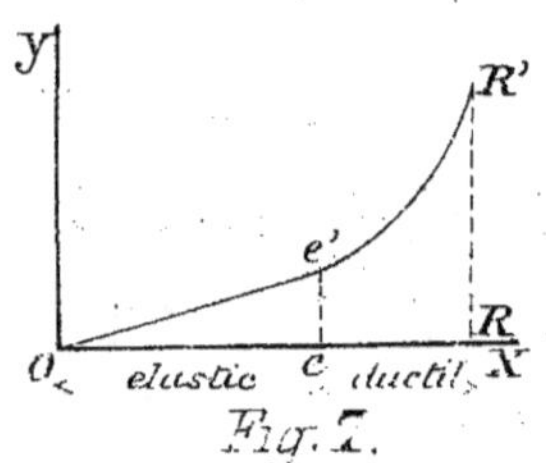

Si l'on continue à faire croître les charges t (par mm²), on voit, dans la période de ductilité, la courbe des allongements se relever assez rapidement jusqu'à ce qu'on atteigne la rupture, la charge de rupture étant représentée par $R R'$.

45 — S'il s'agit du bois ou de la fonte, il n'y a pas de changement brusque de courbure au point e'; la courbe de ductilité est le prolongement de la droite élastique. Il est par suite assez difficile de déterminer expérimentalement le point exact où cesse l'élasticité.

Pour ces matériaux, la courbe s'interrompt brusquement au point R' où la pièce se brise sans qu'aucune anomalie le fasse prévoir auparavant.

46 — Dans le cas du fer et de l'acier doux, comme pour tous les matériaux particulièrement ductiles, le phénomène est plus complexe (fig. 8).

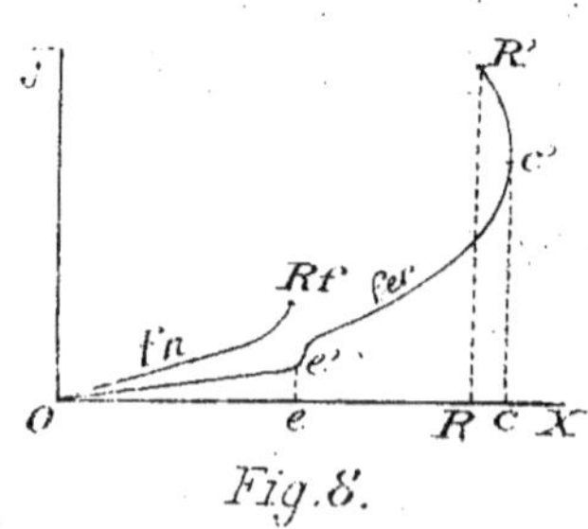

La période d'élasticité est nettement accusée par un brusque ressaut de la courbe en e', et une double inflexion qui semble correspondre à une subite modification de la structure; puis la courbe reprend son allure progressive et régulière.

Elle s'accentue et se redresse jusqu'à ce que la tangente soit verticale. La pièce ne se rompt pas immédiatement ; elle continue à s'allonger, même si l'on réduit la charge, et se rompt en R pour une charge inférieure à celle qu'elle a supportée en C.

Striction. — 47. — Cette sorte d'anomalie s'explique si l'on examine maintenant comment s'est comportée la pièce.

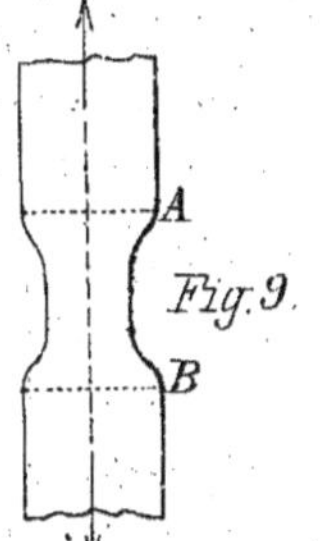

Tandis que dans la première partie de l'expérience, la section du barreau ne changeait pour ainsi dire pas, tout à coup, nous voyons ce barreau s'étrangler sur une portion AB de sa longueur. Dès lors toute la déformation se concentre dans cette région qui s'allonge et se contracte à la fois, sous des efforts de plus en plus petits parce qu'ils s'exercent sur des sections de plus en plus petites.

La double déformation (allongement et contraction transversale), pendant la période de striction, se cantonne dans la région strangulée ; le reste du barreau ne s'allonge plus.

Si, par exemple, la charge pour laquelle la courbe de déformation est tangente à la verticale en C est de 30^k, et si, en continuant l'expérience, on arrive à rompre le barreau sous une charge réduite de 26^k, il ne faudrait pas dire que la charge de rupture est cette dernière charge de 26^k. En réalité, il a fallu auparavant passer par 30^k. Donc 30^k est la charge maximum de rupture, avant la striction, c'est-à-dire rapportée à la section primitive du barreau.

Y a-t-il un intérêt pratique à envisager comment un métal se comporte à la striction ?

Oui, sans doute, car, suivant que la période de striction est plus ou moins longue, ce métal sera plus ou moins avantageux dans la construction.

Sans la striction, en effet, le métal se romprait dès qu'il atteint une première fois la charge maximum ($30.^k$ dans notre exemple) et pour le travail total alors dépensé. Grâce à la striction, au contraire, il y a encore une petite marge, en quelque sorte, de résistance vive disponible, sous la forme du travail correspondant à la période de striction, et le barreau ne se rompra pas si l'effort cesse dans l'intervalle.

C'est une garantie évidemment précaire et la structure du métal restera irrémédiablement atteinte ; mais c'est déjà quelque chose que d'avoir évité tout au moins le danger d'une rupture compromettant souvent tout l'ouvrage et pouvant amener une catastrophe.

Variations de la limite d'élasticité.

48. — Si l'on sort de la période d'élasticité, on s'expose à bien d'autres mécomptes et, sans trop entrer dans le détail, il n'est pas inutile de faire entrevoir ce qui peut en résulter.

Nous avons dit que, lorsque la charge dépasse la limite d'élasticité, le corps ne revient pas complètement à son état primitif, quand on enlève la charge : il reste un certain allongement permanent qui dénote une modification dans la structure. On est, en définitive, en présence d'un second corps un peu différent du premier.

Il n'est donc pas étonnant, dans ces conditions, que la limite d'élasticité ne soit plus la même.

On s'en aperçoit immédiatement si l'on dresse la courbe d'allongement du métal dans le premier état et dans le second.

Exemple. — 49 — Voilà par exemple une barre de métal dont la limite d'élasticité est de 13^K (par mm²). On continue de la charger au-delà de cette limite et jusqu'à 20^K. L'allongement total est alors de 1,2 % (courbe OEM).

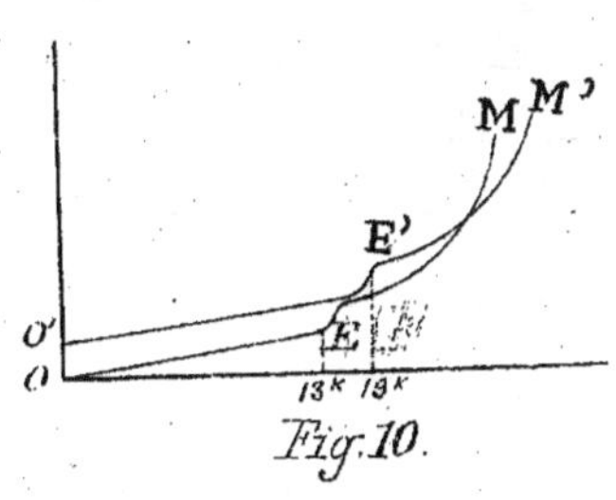

Fig. 10.

On enlève la charge; l'allongement élastique disparaît; mais il reste un allongement permanent O O'.

Nous recommençons l'opération sur une éprouvette de ce nouveau métal et nous traçons la nouvelle courbe en partant du point O' correspondant à l'allongement permanent.

Or, nous constatons que la limite d'élasticité n'est atteinte que pour 19^K; elle s'est donc relevée de (19 − 13 =) 6^K.

On peut répéter l'opération plusieurs fois et :

Chaque fois que la charge a dépassé la limite d'élasticité, on modifie les propriétés du métal et la limite d'élasticité se trouve relevée; mais, par suite des allongements permanents, la marge d'allongement jusqu'à la rupture se trouve moins grande.

Autrement dit :

Le métal devient plus dur et moins ductile, c'est-à-dire moins apte à la construction, puisque les limites sont plus étroites, entre lesquelles il peut résister à un choc imprévu, à une surcharge accidentelle.

— §. 3. —

Traction

Applications numériques.

Problème. — 50. — Une tige de fer rond de 2^m.00 de longueur, fixée verticalement à une poutre du plafond supporte à son extrémité libre une charge de $F = 1500$ Kilos.

a) — Quel diamètre devra-t-on lui donner ?

La formule d'équarrissage à la traction est (N° 39) :

$$F = R\omega$$

ou

$$\omega = \frac{F}{R}.$$

$F = 1500^K$ pour le fer, la charge de sécurité rapportée au mm^2 est : $R = 6^K$,

donc la section exprimée en $^m/_m{}^2$ sera :

$$\omega = \frac{F}{R} = \frac{1500}{6} = 250^{mm^2}$$

Cette section est circulaire et peut être exprimée, en fonction du rayon r, par la relation $\omega = \pi r^2$.

$$\pi r^2 = 250^{mm^2}$$

Donc : $r^2 = \dfrac{250}{\pi} = \dfrac{250}{3.14} = \overline{7,9}$

et $r = 2^{mm}.8$.

La tige de fer aura donc pour diamètre :

$$d = 2 \times 2,8 = 5,6^{mm}.$$

b)_ <u>Quel sera l'allongement ?</u> _

La formule de l'allongement pour cent (ou par unité de longueur) ($N^o 41$) est :

$$\lambda_o = \frac{1}{E}\, t.$$

Ici nous supposons que le fer travaille à sa charge de sécurité, donc $t = R = 6^K$ (par $^m/_m{}^2$).

Le coefficient d'élasticité, pour le fer, est : $E = 20.000$ ($N^o 35$)

D'où $\quad \lambda_o = \dfrac{1}{20000} \times 6$

et pour la longueur totale de 2^m, ou 2000 mm.

$$\lambda = \frac{2000}{20000} \times 6 = \frac{6}{10}\ mm.$$

Chapitre III......

Chapitre III.

Compression

– § I. –
Compression des pièces courtes.

51. — Les notions générales sur les déformations dues aux efforts longitudinaux, qui ont été développées dès le début du Chapitre précédent, s'appliquent indifféremment à l'extension ou à la compression.

Nous en avons fait tout d'abord l'application aux phénomènes de l'extension (ou de la traction), et il nous reste à donner maintenant des considérations analogues en ce qui concerne la compression, pour compléter les notions déjà acquises.

Effets de la compression.

52. — La compression occasionne une double déformation:

1° — un raccourcissement longitudinal;

2° — un épanouissement de la section transversale qui est, à la vérité, insensible tant que la charge n'atteint pas une certaine limite.

Lorsque les pièces sont très-longues (et l'on désigne ainsi celles pour lesquelles on a la longueur $L > 5b$, (b étant la plus petite dimension transversale), les effets de la compression se compliquent en outre d'une tendance au fléchissement; c'est ce que l'on désigne sous le nom de _flambage_, et nous aurons à l'étudier plus loin.

Pour éliminer cet effet parasite, nous nous occuperons tout d'abord des pièces courtes, c'est-à-dire celles pour lesquelles on a $L < 5\,b$.

Formule de la compression.

53. — La loi de déformation est, pour la compression, représentée par la même formule que pour l'extension (v. N°28) :

$$\frac{\lambda}{\ell} = \frac{1}{E}\,\frac{F}{\omega},$$

où λ est le raccourcissement, E le coefficient d'élasticité, ω la section transversale de la pièce considérée et F la charge totale qu'elle supporte.

Charge de sécurité et formule d'équarrissage.

54. — Afin de rester largement en dessous de la limite d'élasticité, on adoptera un coefficient de sécurité R' à la compression qui, pour tous les matériaux, sauf pour la fonte, est le même que dans les efforts d'extension.

Pour la fonte, qui résiste mieux à la compression qu'à l'extension, on adopte la valeur $R' = 6, 10$ et même 12^{kg} par mm^2.

55. — L'équation d'équarrissage est analogue à celle de la traction. On a, en effet :

$$F = R'\,\omega$$

Déformation transversale.

56. — Tant que l'on reste dans les limites élastiques, il n'y a pas à tenir compte de l'épanouissement de la section transversale, de même que, pour la traction, on ne s'inquiète pas de la striction dans les mêmes limites ; épanouissement ou striction, sont, en effet, négligeables dans ces conditions.

57.— Il n'en est plus de même lorsque les efforts dépassent la limite d'élasticité. La compression donne alors lieu à une déformation transversale appréciable, qui se traduit par un épanouissement de la section dans une zone située entre les deux extrémités.

Cet épanouissement va en croissant avec l'effort jusqu'à ce que la rupture ait lieu par écrasement.

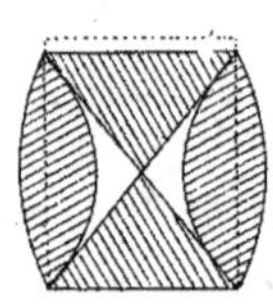

La matière semble former deux cônes opposés par le sommet et qui tendent à s'écraser en refoulant les molécules voisines.

Fig. II.

Influence de l'encastrement.

58.— Pour que cette déformation puisse se produire, il est nécessaire que rien ne s'oppose à l'épanouissement latéral ce qui n'aura pas lieu si le corps est encastré : ce sera le cas d'une base de colonne en fonte noyée dans la maçonnerie de la fondation.

On voit par conséquent que l'encastrement équivaut à un accroissement considérable de résistance.

Exemple.—

59.— Un poteau ou une colonne repose sur un dé en pierre de taille ; on craint que ce dé ne s'écrase : le remède indiqué est de noyer le dé dans un massif de maçonnerie.

Il existe un autre moyen, qui consiste à entourer le bloc de frettes en fer. M. Considère a appliqué ce principe à la constitution de supports en béton armé fretté par une hélice enroulée sur le pourtour.

60.— Problème .....

60. — Quel effort vertical peut supporter sans fatigue exagérée un billot de bois de chêne de 1^m de longueur et dont la section mesure 0^m,25 × 0^m,20, posé verticalement ? —

La plus petite dimension verticale est : $b = 0^m,20$.
La hauteur de 1^m,00 est égale à 5 fois cette dimension, on peut donc considérer la pièce comme à la limite des pièces courtes (N° 52).

L'équation d'équarrissage est (N° 55):
$$F = R' \omega$$

La section $\omega = 250^{mm} \times 200^{mm} = 50.000^{mm^2}$

La charge de sécurité à la compression $R' = R$

R étant la charge de sécurité à la traction. Or, on a vu (N° 37) que $R = 0^K,6$ par $^m/_m$,

on aura donc $F = 0,6 \times 50.000 = 30\,000^K.$

_ §. 2. _

Compression des pièces longues

---

61 — Nous avons dit qu'une pièce longue soumise à la compression tend à se courber : à <u>flamber</u>. Dans ce cas, la rupture n'a plus lieu par écrasement, mais par flexion des fibres.

En désignant encore par R' la charge de sécurité à la compression des pièces courtes, on est donc conduit à adopter pour les pièces longues une charge de sécurité R'' plus petite que la première :

$$R'' = \gamma\, R'.$$

Le coefficient $\gamma < 1$ variant d'ailleurs avec la longueur ou plutôt avec le rapport de la longueur à la plus petite dimension transversale b, qui sera le diamètre pour les pièces cylindriques et le plus petit côté du rectangle lorsque la section est rectangulaire, comme il arrive par exemple pour les poteaux en bois.

L'équation d'équarrissage sera : $F = R'' \omega$.

La valeur réelle du coefficient γ ou de la charge de sécurité R'' elle même résulte de données empiriques basées sur des relevés d'expériences.

Dans les _pièces en bois_, les expériences sont dues à Rondelet ; le Général Morin en a déduit un tableau des valeurs de γ pour les diverses valeurs du rapport $\dfrac{\ell}{b}$.

Pour les _colonnes métalliques_ pleines et à section circulaire on a recours aux tableaux dressés par Hodgkinson, d'après ses propres expériences. Ces tableaux donnent directement la valeur de R''.

Poteaux en bois. — 62. — Tableaux du Général Morin. —

$\dfrac{\ell}{b}$	12	14	20	24	32	40	48	60	72
γ	0,74	0,66	0,58	0,50	0,37	0,28	0,17	0,09	0,04

Application...

Application. —

63. — Soit un poteau en bois de hauteur $l = 5^m$ et de 25×20^{cm} d'équarrissage.

Le rapport $\dfrac{l}{b} = \dfrac{5.00}{0,20} = 25$. Ce nombre ne figurant pas sur la première ligne du tableau, est compris entre les chiffres 24 et 32. La valeur de γ est comprise entre 0,50 et 0,37. On opérera par interpolation. Pour une différence de 24 à 32, soit de 8 unités, γ décroît de 0,50 à 0,37 soit 0,13 ; pour une différence de 1 unité γ devra décroître de $\dfrac{0,13}{8} = 0,016$.

D'où l'on déduit : $\gamma = 0,50 - 0,016 = 0,484$ pour $\dfrac{l}{b} = 25$.

On appliquera donc la charge réduite :

$$R'' = \gamma R' = 0,48 \times 0,6 = 0^k 288 \text{ par mm}^2.$$

L'équation d'équarrissage $F = R'' \, \Omega$ donne la charge que le poteau peut supporter en toute sécurité et qui est :

$$F = 0^k 288 \times (250 \times 200) = 14.400 \text{ Kil.}^{[1]}$$

Si l'on se donne à priori la charge que le poteau aura à supporter, on procédera par approximation, c'est-à-dire qu'on supposera tout d'abord au poteau un équarrissage déterminé $a \times b$ et l'on vérifiera que la charge qu'il peut supporter est au moins égale à la charge réelle.

Colonnes métalliques pleines.

64. — Tableau d'Hodkingson. —

$\dfrac{l}{b}$		5	10	20	30	40	50	60	70	80	90	100	110	120
R''	Fonte	$12^k,00$	$7^k,44$	$4^k,64$	$2^k,77$	$1^k,83$	$1^k,28$	$0^k,93$	$0^k,71$	$0^k,55$	$0^k,44$	$0^k,36$	$0^k,30$	$0^k,25$
	Fer	$6^k,00$	$4^k,80$	$3^k,70$	$3^k,02$	$2^k,53$	$2^k,14$	$1^k,80$	$1^k,52$	$1^k,28$	$1^k,08$	$0^k,93$	$0^k,80$	$0^k,70$

[1] Un poteau de même section, s'il n'avait eu que $1^m,00$ de haut aurait pu supporter 30.000^k, ce qui met en évidence l'importance du flambage.

Ce tableau met en évidence ce fait que, si la fonte est plus avantageuse que le fer lorsque la colonne est relativement courte, ce dernier métal offre une résistance plus favorable à partir du moment où le rapport $\frac{l}{b}$ dépasse environ le chiffre 15.

Pour le fer, on a en effet: $R'' = 4,80$ lorsque $\frac{l}{b} = 10$ et pour la fonte $R'' = 4,64$ lorsque $\frac{l}{b} = 20$.

Colonnes creuses. — 65. — Pour les colonnes métalliques creuses, dont l'usage est si fréquent, on peut se servir du même tableau en admettant que la résistance de la colonne creuse est égale à la différence des résistances des deux colonnes pleines ayant respectivement le diamètre extérieur et le diamètre intérieur, ou se servir des tableaux suivants.

Renseignements pratiques. — 66. — a). Colonnes pleines en fonte.

Diamètre des colonnes D en $^m/_m$	Section transversale Ω en mm²	Poids du fût par mètre de longueur	Charges de sécurité qu'on peut imposer à des colonnes pleines en fonte dont les hauteurs sont:				
			3 mètres	4 mètres	5 mètres	6 mètres	8 mètres
50	2000	20 Kil	2,000 Kil	1.160 Kil	0.700 Kil	". . " Kil	". . " Kil
80	5000	30	11.000	7.000	4.500	3000	1.900
100	7.800	43	23.000	15.000	11.000	7000	4.500
120	11.300	52	42.000	30.000	20.000	14.000	9.000
140	15.400	66	69.000	50.000	36.000	27.000	16.000
160	20.100	82	96.000	78.000	60.000	47.000	25.000
180	25.400	100	135.000	107.000	82.000	65.000	40.000
200	31.400	121	175.000	149.000	120.000	93.000	60.000
230	38 000	139	232.000	191.000	159.000	130.000	86.000
240	45.200	161	290.000	245.000	205.000	172.000	122.000

39.

67 - b) - Colonnes creuses en fonte.

Diamètre des colonnes D en $^m/_m$.	Épaisseur des parois e en $^m/_m$.	Poids du fût	Charges de sécurité pour les hauteurs de :						
			4 mètres	5 mètres	6 mètres	7 mètres	8 mètres	9 mètres	10 mètres
		kil.	kil	kil	kil	kil	kil	kil	kil
100	10	20	8.000	6.500	"	"	"	"	"
120	12	30	14.000	10.000	9.000	"	"	"	"
140	14	43	23.000	18.000	13.000	10.000	"	"	"
160	16	52	36.000	28.000	21.000	16.000	13.500	"	"
180	18	66	50.000	40.000	31.000	25.000	21.000	16.000	"
200	20	82	68.000	64.000	55.000	36.000	30.000	25.000	22.000
220	22	100	87.000	73.000	60.000	51.000	42.000	35.000	26.000
240	24	121	110.000	92.000	78.000	66.000	56.000	48.000	40.000
260	26	139	135.000	116.000	100.000	86.000	72.000	62.000	55.000
280	28	161	162.000	143.000	125.000	97.000	102.000	80.000	70.000
300	30	184	190.000	170.000	152.000	132.000	115.000	100.000	88.000

Appuis et colonnes de section quelconque.

68 — Les tableaux ci-dessus deviennent inapplicables lorsque la section de la colonne n'est ni rectangulaire, ni circulaire. Or, on sait que l'on emploie fréquemment des pièces comprimées en cornières assemblées, en fer à I en U ou à profil crucial.

Quelques auteurs appliquent alors les formules suivantes :

En admettant :

pour la fonte : $R' = 12^K$ par $^m/_m{}^2$

pour le fer : $R' = 6^K$ — id —

on posera :

pour la fonte : $\qquad R'' = \dfrac{R'}{1.45 + 0,00337\left(\frac{L}{b}\right)^2}$ (Hodgkinson)

pour le fer : $\qquad R'' = \dfrac{R'}{1.55 + 0,0005\left(\frac{L}{b}\right)^2}$ (Lowe)

69 — On se sert aussi fréquemment d'une formule établie par Rankine ; mais son application est un peu laborieuse et nous ne la donnerons pas ici.

Effet de l'encastrement.

70. — Nous avons dit que les pièces longues comprimées ne périssaient pas par écrasement, mais par flambage, c'est-à-dire en prenant une certaine courbure dans le sens de leur longueur.

Toutefois, la façon dont elles se comportent diffère suivant que les extrémités sont libres ou maintenues par un encastrement qui s'oppose précisément à la flexion.

On s'en rend compte par l'expérience ; un poteau soumis à une compression, présente suivant les cas les quatre aspects de la figure 12.

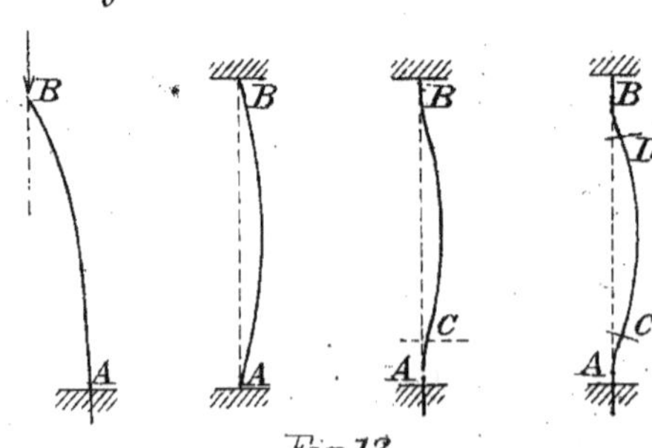

Fig. 12.

(1) — extrémité inférieure encastrée; extrémité supérieure libre;

(2) — les deux extrémités appuyées

(3) — encastrement inférieur seulement;

(4) — encastrement aux deux extrémités.

On voit nettement que l'encastrement intervient effica-
cement pour s'opposer à la flexion de la pièce.

Le cas envisagé dans les tableaux de Morin et
d'Hodgkinson est le N.º 2; ce sera, par exemple, une colonne
comprise entre deux planchers et pouvant se déformer librement.

Lorsque cette colonne, au contraire, est encastrée à ses deux
extrémités, on fera le calcul comme si sa longueur était réduite
de moitié.

Dans le cas d'un seul encastrement, on prendra une valeur intermédiaire, Il en sera de même si l'encastrement n'est
pas parfait.

— §: 3. —

Colonnes en fer ou fonte. — Applications numériques

1ᵉʳ Problème — 71 — Quelle charge pourra supporter une colonne pleine en fer
ou une colonne pleine en fonte de 4ᵐ de hauteur et de 0ᵐ,06 de diamètre?

On a pour le rapport de la longueur à la dimension
transversale:

$$\frac{l}{b} = \frac{4}{0,06} = 66.$$

Ce rapport est compris entre les chiffres 60 et 70 du tableau
d'Hodgkinson (N.º 64).

La différence entre 60 et 70 est de 10 unités, pour lesquelles
la différence de la charge de sécurité R'' est:

fonte: 0.93 − 0.71 = 0,22, soit pour 1 unité: 0,022.

fer : 1.80 − 1.52 = 0.28, soit pour 1 unité: 0,028.

pour : $\qquad$ 66 - 60 = 6 unités, on aura donc une différence :

$$\text{fonte :} \quad 0,022 \times 6 = \quad 0,132$$
$$\text{fer :} \quad 0,028 \times 6 = \quad 0,168$$

et la valeur de R'' sera :

$$\text{fonte :} \quad R'' = 0,93 - 0,132 = 0,898$$
$$\text{fer :} \quad R'' = 1,80 - 0,168 = 1,632$$

Cela posé, l'équation d'équarrissage est $(N^\circ 61)$ $F = R'' \omega$

$$\omega = \pi r^2 = 3,14 \times \overline{0,060}^2 = 11304 \ ^{mm^2}$$

d'où :

$$\text{pour la fonte :} \quad F = 0,898 \times 11.304 = 10.150 \ ^K$$
$$\text{pour le fer :} \quad F = 1,632 \times 11.304 = 18.448 \ ^K$$

2ème Problème. — $\quad$ 72. — <u>Calculer le diamètre d'une colonne pleine en fer de 3^m de hauteur supportant une charge de $3.000 \ ^K$.</u> —

On choisira à priori un diamètre paraissant convenable, par exemple $b = 0^m050$ et l'on vérifiera si la charge que peut supporter cette colonne est inférieure ou au plus égale à la charge réelle.

On a le rapport $\dfrac{l}{b} = 60$ qui dans le tableau d'Hodginkson correspond à une charge de sécurité pour le fer :

$$R'' = 1,^K 80 \text{ par } ^{m/m^2}$$

La section est :

$$\omega = \pi r^2 = 3,14 \times \overline{25}^2 = \overline{1962} \ ^{mm^2}$$

L'équation d'équarrissage est :

$$F = R'' \omega = 1,80 \times 1962 = 3371.^K$$

Cette charge limite étant supérieure à la charge réelle, l'équarrissage est bon.

3ème Problème — 73. — Calcul d'une colonne en fonte en se servant des tableaux a) (N° 60) et b) (N° 67). — La colonne a 5^m de hauteur et supporte 28.000 K^{os} —

1°. — Colonne pleine (Tableau a). — La charge est comprise entre les chiffres 20.000^K et 36.000^K portées au tableau dans la colonne correspondant à 5^{m}00 de hauteur : différence 16.000 unités. Les sections correspondantes sont $W_1 = 11.300^{mm^2}$ et $W_2 = 15.400^{mm^2}$

Pour une différence de 28.000 − 20.000 = 8000 unités, soit la moitié, la section devra être :

$$W_3 = \frac{W_1 + W_2}{2} = \frac{11300 + 15400}{2} = 13350$$

D'où l'on déduira le rayon $W_2 = \pi r^2 = 13350$

$$r^2 = \frac{13350}{3,14} = 4251$$

$$\text{et} \quad r = 6,5$$

Le diamètre sera donc : 0^m,130.

2°. — Colonne creuse. — (Tableau b) — La charge de 28.000^K est comprise exactement dans celles du tableau et correspond à un diamètre extérieur de 160^{mm}, avec une épaisseur de 0,016^{mm}.

Chapitre IV.....

Chapitre IV.

Cisaillement et glissement longitudinal.

Définition. — 74. — L'effort de cisaillement est celui qui tend à rompre une pièce en deux parties, en les faisant glisser parallèlement à elles-mêmes et suivant un certain plan de rupture.

a) — Ce sera, par exemple, le cas d'une tige horizontale

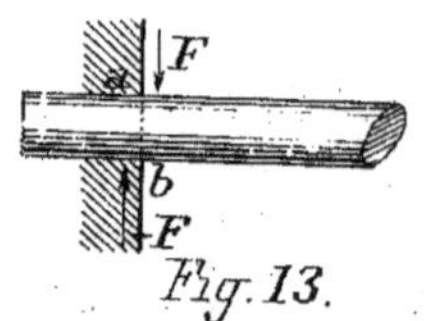

encastrée dans un mur et chargée sur sa partie libre et très-près de la section d'encastrement ab. Les deux tronçons situés de part et d'autre de cette section sont sollicités par des forces égales et contraires : l'une est la charge apparente F, l'autre est la réaction $-F$ de l'encastrement.

b) — Le cisaillement se produit également pour un boulon ou un rivet réunissant deux ou plusieurs fers plats ou tôles tirant en sens inverse, comme nous l'avons indiqué au N° 29.

Dans les deux cas qui précèdent le cisaillement est transversal.

c) — Il peut aussi agir dans le sens longitudinal, comme il arrive dans l'assemblage d'un arbalétrier et d'un entrait ou tirant.

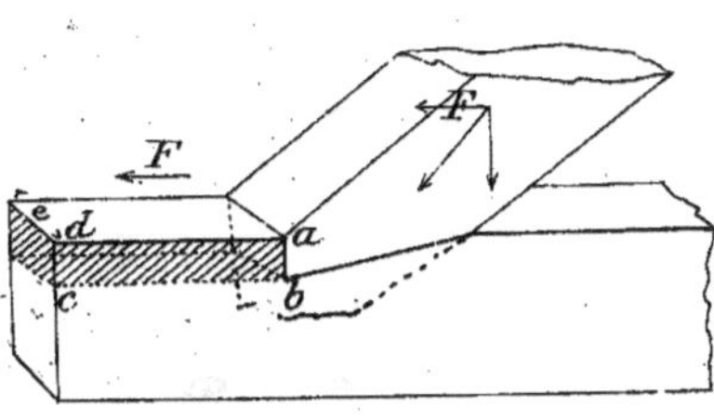

Fig. 14.

Cet assemblage se fait généralement à tenon et mortaise avec embrèvement. Par suite de la poussée horizontale de l'arbalétrier, le talon de l'embrèvement s'appuie sur l'épaulement ab; il tend à fendre et à faire sauter la partie $a.b.c.d.$ de l'entrait.

Il y a ainsi cisaillement suivant le plan longitudinal bc.

Or, comme nous l'avons dit, le bois résiste mal dans ce sens, et c'est pourquoi on doit prolonger l'entrait d'une longueur ab assez grande pour empêcher l'effet du cisaillement de se produire.

Équation d'équarrissage.

75 — L'équation d'équarrissage est pour le cisaillement

$$F = R_c \, \omega.$$

en désignant par R_c la charge de sécurité au cisaillement.

Charge de sécurité au cisaillement.

76 — En désignant encore par R la charge de sécurité à la traction, on admettra pour la charge de sécurité R_c au cisaillement les valeurs suivantes :

Cisaillement transversal : $R_c = \dfrac{4}{5} R$ pour tous les matériaux.

Cisaillement longitudinal : $R_c =$

Acier	Fer	Chêne	Sapin ou Peuplier
$4/5\,R$	$2/3\,R$	$1/4\,R$	$1/15\,R$

Applications.

Calcul d'un about
d'entrait en bois.

77. — Si nous reprenons l'exemple donné au N° 74, d'un arbalétrier embrevé sur un entrait en sapin, on peut toujours déterminer sa poussée horizontale F. Supposons $F = 3000^K$, l'épaisseur de l'entrait : $e = 0^m,20$, la longueur d'about $ab = x$ (Fig. 14). — La section cisaillée est $\omega = e \times x$.

Pour le sapin, $R = 0^K,6$ par $^m/_m{}^2$

et $R_c = \frac{1}{15} R_e = \frac{0,6}{15}$.

En tenant compte de ces valeurs dans l'équation d'équarrissage

$$F = R_c \, \omega$$

on a : $3000 = \frac{0,6}{15} \times 0,20 \times x.$

d'où l'on tire : $x = 0^m,375.$

On donnera donc, en chiffres ronds, à l'about ab une longueur de $0^m,40.$

Calcul
d'un boulon.

78. — a) — <u>Une seule section cisaillée</u> : — C'est le cas d'un boulon réunissant deux tôles ou deux barres. La rupture tend à se faire suivant le joint commun à ces deux pièces, et la section cisaillée est : $\omega = \frac{\pi}{4} d^2$, en appelant d le diamètre de la tige.

Chaque barre tire avec une force $F = 8000^K$, par exemple.

Dans le cas de l'acier, prenons $R = 6^K$ par mm^2

et $R_c = \frac{4}{5} R.$

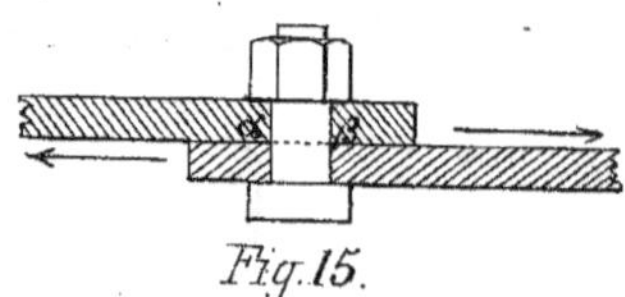

Fig. 15.

L'équation d'équarrissage : $F = R_c \, \omega$ devient :

$$8000 = \frac{4 \times 6}{5} \times \frac{\pi}{4} \, d^2 ,$$

et, résolvant par rapport à d, on trouve : $d = 46\,mm$.

79 — L'assemblage précédent est dit à recouvrement ; il

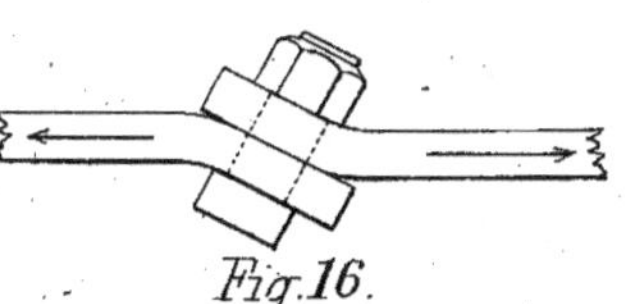

Fig. 16.

soumet la tige du boulon (ou du rivet) à des efforts dissy-métriques et qui tendent à se mettre dans le prolongement l'un de l'autre en provoquant une flexion des deux éléments qui sont maintenus par le boulon.

80. — b) — __deux sections cisaillées__. — Il est préférable de ne soumettre les pièces qu'à des efforts symétriques dont les résultantes agissent uniquement dans le sens de leur longueur :

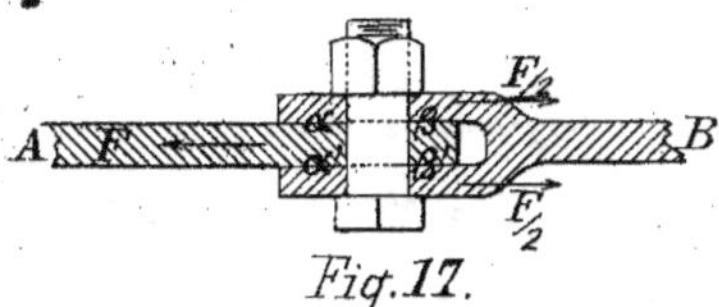

Fig. 17.

On obtient ce résultat avec l'assemblage à fourchette que la figure 17 suffit à définir. Les efforts devant être les mêmes dans les deux sens, d'une part la barre unique A sera le siège d'une traction F, de l'autre cha-cune des branches de la fourchette produira une traction $\frac{F}{2}$. La tige du boulon tend alors à se rompre suivant les deux plans de joint $\alpha\beta$, $\alpha'\beta'$. — La surface cisaillée est donc le double de la section de la tige :

$$\Omega = 2\omega = 2 \times \frac{\pi}{4} d^2 \quad \text{ou} \quad \frac{\pi}{2} d^2 .$$

Le reste du calcul se fera comme ci-dessus, en remplaçant Ω par sa valeur dans la formule : $F = R_c \, \Omega$.

Calcul du talon
d'une bielle.

81. — On trouve un exemple d'assemblage à fourchette dans le cas des bielles de machines. Or, lorsqu'on a déterminé le diamètre qu'il convient de donner à la tige du boulon comme nous venons de le voir, il reste à s'assurer que la tête de bielle elle-même peut résister à la traction.

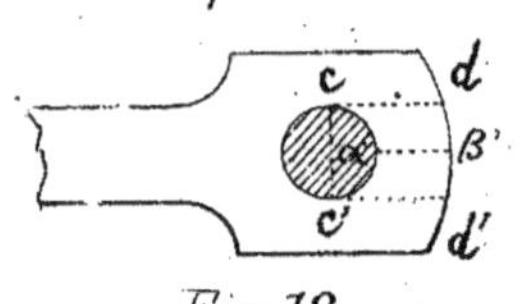

Fig. 18.

Cette tête de bielle est représentée figure 18 sur son plat et l'on voit immédiatement qu'elle tend à se cisailler suivant les plans cd, $c'd'$.

Si e est l'épaisseur de la bielle, chacune des sections cd, $c'd'$ aura pour surface $\omega = cd \times e$ et l'effort total de cisaillement sera

$$2\,(cd \times e) \times R_c = F$$

d'où l'on tirera cd.

Il importe toutefois de remarquer que, par suite de la forme circulaire de la section du boulon, l'épaisseur $\alpha\beta$ du talon sur l'axe même de la bielle est souvent plus petite cd.

Il faut encore que cette épaisseur soit suffisante pour que le talon ne cède pas à la flexion.

Nous ne ferons qu'indiquer ici cette considération qui n'a toute son importance que dans le cas de machines puissantes, mais que l'on n'aura pas l'occasion d'appliquer dans la construction du bâtiment, si ce n'est fort rarement.

Calcul d'un rivet.

82 — Les rivets se posant à chaud, la contraction due au refroidissement provoque un serrage énergique des têtes sur les pièces assemblées. Il en résulte une <u>adhérence</u> de ces pièces dans le plan même de glissement et cette adhérence

s'ajoute à la résistance propre que le rivet oppose au cisaillement.

L'expérience permet de fixer le taux de l'adhérence à 14^k
par m m.^{2} de section du rivet, pour une rivure bien faite.

On adopte, dans la pratique, comme limite de sécurité
de l'adhérence, environ le 1/3 seulement de ce taux, soit 5^k
par m m.^{2} de surface cisaillée et l'on calcule les rivets de manière
à ce que l'adhérence suffise à empêcher le glissement.

La résistance propre du rivet au cisaillement n'inter-
viendrait donc que si l'adhérence se trouvait insuffisante.

83. — Généralement, on se fixe à l'avance le diamètre
des rivets. Le problème consiste donc à déterminer leur
nombre, par cette condition que la surface totale de cisaillement qu'ils présentent provoque une adhérence suffisante.

Diamètre des rivets.

84. — Les constructeurs font varier le diamètre suivant
la longueur de la tige entre les têtes, c'est-à-dire suivant l'é-
paisseur totale des fers plats ou des tôles qu'il s'agit de réu-
nir. — Le tableau suivant donne cette correspondance. —

Longueurs de tige en $^m/_m$	10 à 15	15 à 20	20 à 25	25 à 35	35 à 50	50 à 70
Diamètres correspondants ...	14	16	18	20	22	25

D'autre part, les tôles ne devant pas être percées de trous
trop grands par rapport à leur épaisseur:

On admet que le diamètre des rivets ne doit pas dépasser
3 fois l'épaisseur de la tôle la plus mince.

85 ......

Nombre
des rivets.

85 — Dans ces conditions, si l'on désigne par n le nombre des rivets et par $\omega = \dfrac{\pi d^2}{4}$ la section de chacun d'eux, l'adhérence totale sera :

$$n\,\omega \times 5^{k} \quad \text{pour une seule section cisaillée (cas de 2 tôles)}$$
$$2\,n\,\omega \times 5^{k} \quad \text{pour deux sections cisaillées (cas de 3 tôles)}.$$

Cette adhérence devant faire équilibre à la force de traction F qui tend à faire glisser les tôles l'une sur l'autre, on posera suivant les cas :

$$F = n\,\omega \times 5 \qquad \text{ou} \qquad F = 2\,n\,\omega \times 5$$

et, ω étant connu en mm^2, on en tirera aisément le nombre n.

Chapitre V.....

Chapitre 5.

De la Flexion.

— § 1. —
Conditions d'équilibre.

86 — D'une manière générale, les pièces que nous avons à envisager ici sont des prismes présentant un plan de symétrie longitudinal et vertical.

En prenant ce plan de symétrie comme plan du tableau, chaque pièce peut être représentée par sa section dans ce plan.

En outre, les forces qui la sollicitent sont pour la plupart verticales [1] et dans le plan de symétrie. C'est ce cas simple que nous allons étudier.

87. — Considérons donc une pièce soumise à un certain nombre de forces extérieures verticales et, parmi ces forces extérieures, il faut, comme nous l'avons expliqué au N° 31, comprendre les réactions

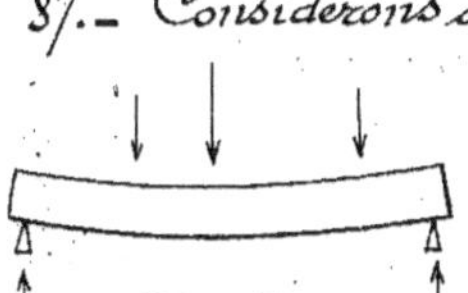

Fig. 19.

---

[1] Si l'on avait à envisager des forces situées dans le plan de symétrie mais obliques, il suffirait de les décomposer suivant la verticale à la pièce et suivant la parallèle. Ces dernières composantes donneraient des effets de traction ou de compression, et il ne resterait plus qu'à étudier les effets des composantes verticales.

des points d'appui.

Sous l'action des forces en jeu, la pièce prend une certaine courbure. On dit qu'elle fléchit.

L'arête concave supérieure est comprimée et raccourcie.

L'arête convexe inférieure est étirée et s'allonge.

Fibre neutre. — 88. — Si l'on passe de l'une à l'autre, la déformation des fibres successives varie graduellement. Puisqu'elle change de sens en allant d'une arête à l'autre, il faut bien admettre qu'elle passe par zéro dans l'intervalle.

La fibre qui ne s'allonge ni ne se raccourcit prend le nom de *fibre neutre*.

89. — Ce simple exposé du phénomène montre, en même temps, comment la flexion est un effort composé et comment elle se rattache à la traction et à la compression.

On devrait même espérer, grâce à ce rapprochement, pouvoir établir directement par le calcul les formules de la flexion, si les lois de l'élasticité étaient mieux connues et si elles s'appliquaient strictement aux matériaux dont on fait usage dans la construction.

Mais sans se lancer dans des théories, trop abstraites, il n'est pas impossible de se rendre un compte suffisamment précis de ce qui se passe dans la flexion et d'en tirer les formules pratiques dont nous avons besoin.

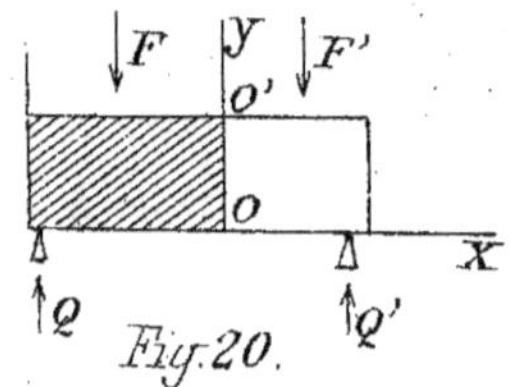

90 — Reprenons, en effet, le solide dont nous venons d'examiner la déformation. Il supporte des charges verticales $F, F', \ldots$

qui, jointes aux réactions Q et Q' des points d'appui, constituent les forces extérieures.

Cherchons ce qui se passe dans une section transversale quelconque OO'.

Cette section partage la pièce en deux tronçons, et nous pourrions supprimer le tronçon de droite sans préjudice pour l'équilibre, mais à la condition de le remplacer par les réactions qu'il exerce sur la partie conservée. Ces réactions sont égales et contraires aux forces moléculaires ou élastiques qui avaient été développées dans la section oy par la déformation, avant qu'on ait enlevé le tronçon ox. Il suffira donc de déterminer ces réactions pour connaître les forces élastiques.

Le corps, ainsi réduit au tronçon de gauche, n'est plus sollicité que par les forces extérieures qui ont leur point d'application sur ce tronçon et par les réactions moléculaires sur la section oy.

Conditions d'équilibre.

91. — L'équilibre existe, il suffit dès lors d'écrire que les différentes forces en jeu satisfont aux conditions requises par la mécanique.

On sait d'ailleurs que les conditions d'équilibre sont les suivantes: [1]

1° — La somme des projections de toutes les forces sur un axe quelconque doit être nulle;

2° — La somme des moments par rapport à un point quelconque doit être nulle.

---

[1] Toutes les forces étant dans le même plan.

Projection sur Oy
Effort tranchant.

92. — Ayant choisi pour axes dans le plan du table[au] une arête Ox de la pièce et une perpendiculaire Oy à ce[tte] arête, projetons sur Oy.

Si les forces extérieures F sont parallèles à cet axe co[m]me nous le supposons, elles se projetteront en vraie grande[ur] et la somme de leurs projections sera égale à la somme des fo[rces] elles-mêmes. Nous la désignerons par ΣF, et si nous dé[si]gnons par A la projection inconnue des forces moléculaire[s] dans la section OO', on devra avoir pour l'équilibre

$$A = \Sigma F$$

Il existe donc dans le plan transversal OO' des force[s] dont la résultante A tend à rompre la pièce suivant ce plan : on leur donne le nom d'effort tranchant.

Projection sur Ox.

93. — Les forces extérieures étant perpendiculaires à l'axe Ox, leurs projections sur cet axe sont nulles. Pour l'équilibre, il en est nécessairement de même de la projectio[n] des réactions moléculaires : cette projection est nulle aussi.

Moments par rapport à l'origine O — Moment fléchissant — Moment élastique. —

94. — Il nous reste à prendre les moments des divers[es] forces par rapport à un point quelconque, l'origine O par exemple.

La somme des moments des forces extérieures qui pr[o]voquent le fléchissement prennent le nom de moment fléchissa[nt] on le désigne par M ou M_f.

Les réactions sur la section OO' provenant, au contrai[re] des propriétés élastiques de la matière, on donne à leur mome[nt] le nom de moment élastique, et la deuxième condition d'équili[i] bre peut s'énoncer ainsi :

Le moment fléchissant $=$ le moment élastique

D'autre part, précisément parce qu'il y a déformation, il est bien évident que le moment fléchissant n'est pas nul.

Couple élastique. — 95. — Si l'on rapproche les résultats que nous venons d'énoncer, on voit donc que :

Les réactions moléculaires sur le plan de section $o\,o'$ ont une somme nulle ($N^{o}93$) et un moment fini ($N^{o}94$) : ces deux conditions caractérisent un couple.

D'où cette conclusion :

Les réactions moléculaires constituent un couple, qu'on appelle le Couple élastique.

§. 2.

Etude analytique — Moment fléchissant.

96 — Reprenons notre corps prismatique et considérons deux sections parallèles et infiniment voisines ab, $a'b'$, dont nous désignerons par l l'écartement. (fig.21)

(fig.22) La déformation due à la flexion a pour résultat de faire tourner la section $a'b'$ d'un certain angle φ par rapport à sa première position et de l'amener en $a''b''$. Elle est d'ailleurs restée plane, en vertu du lemme ($N^{o}24$)

Les.....

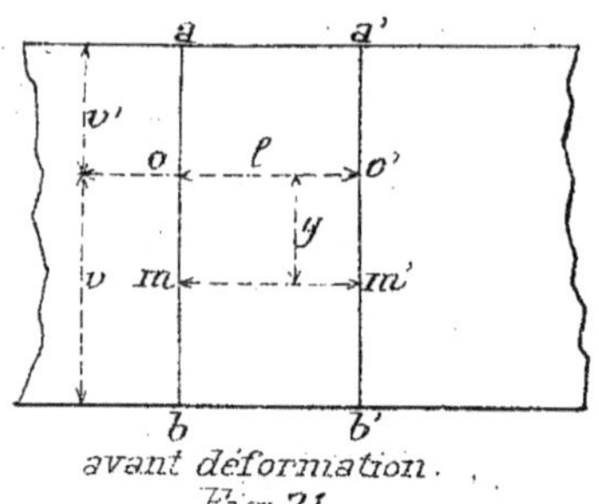

avant déformation.
Fig. 21

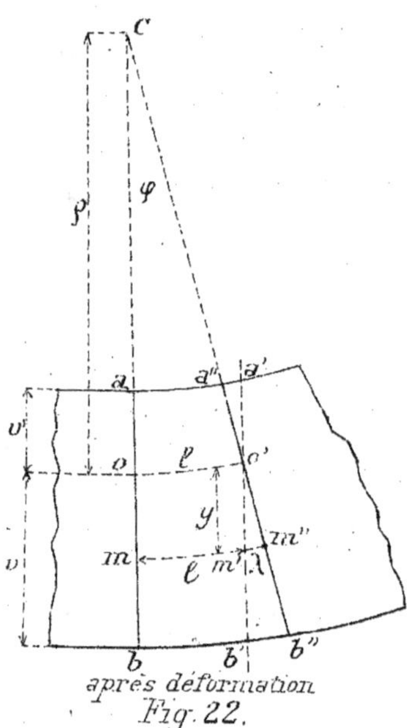

après déformation
Fig. 22.

Les deux positions successives de la section se coupent en un point O' qui est ainsi resté à la distance ℓ de la section fixe ab; c'est-à-dire que la fibre OO' comprise entre les deux sections est une **fibre neutre**, puisqu'elle n'a subi ni allongement ni raccourcissement.

Au-dessus de cette fibre neutre, les fibres se sont progressivement raccourcies jusqu'à l'arête concave de la pièce où le raccourcissement est maximum; elles se sont progressivement allongées jusqu'à l'arête convexe où l'allongement est maximum.

Les prolongements des deux plans de section, après la flexion, déterminent par leur intersection le rayon de courbure $OC = \rho$, de l'axe neutre.

97. — Cela posé, considérons une fibre mm' située à une distance y de la fibre neutre et qui subit un allongement λ'. Les triangles semblables OCO' et $m'O'm''$ donnent

immédiatement

$$\frac{\lambda}{\ell} = \frac{y}{\rho} , \qquad (1)$$

c'est-à-dire que la déformation λ est, pour une fibre quelconque, proportionnelle à la distance à l'axe neutre.

D'autre part, en vertu des considérations développées à propos de la traction et de la compression, on sait que l'on peut exprimer le taux t auquel travaille la matière pour produire la déformation pour cent : $\frac{\lambda}{\ell}$, en écrivant :

$$t = E \frac{\lambda}{\ell}$$

E étant le coefficient d'élasticité.

Et en remplaçant $\frac{\lambda}{\ell}$ par sa valeur (1)

$$t = \frac{E}{\rho} y \qquad (2)$$

98 — D'après cette relation on voit que la tension t est nulle pour $y = 0$, c'est-à-dire sur la fibre neutre, ce qui ressort d'ailleurs de la définition même de la fibre neutre.

Elle change de sens avec y, (traction au-dessous, compression au-dessus de l'axe neutre) et va en croissant à mesure qu'on s'éloigne de cet axe, pour atteindre ses maxima sur les arêtes de la pièce.

99......

99. — La fibre qui éprouve la plus grande fatigue est ainsi sur l'arête la plus éloignée de l'axe neutre. Si nous désignons par v sa distance à OO', sa tension sera, d'après la formule (2) où $y = v$:

$$t = E\, \frac{v}{\rho}. \qquad (3)$$

La fibre neutre passe par les centres de gravité de toutes les sections. —

100. — Considérons, en effet, ce qui se passe dans la section $a'b'$, et soit une fibre $m\,m'$ dont la section infiniment petite est représentée par ω, sa tension totale est $t\,\omega$.

D'après les conditions d'équilibre, nous avons vu (N° 93) que la somme de ces tensions pour toutes les fibres dans une même section $a'b'$ est nulle, c'est-à-dire qu'on aura :

$$\Sigma\, t\,\omega = 0$$

et, en remplaçant t par sa valeur :

$$\Sigma\, \frac{E}{\rho}\, y\,\omega \quad \text{ou} \quad \frac{E}{\rho}\, \Sigma\, y\,\omega = 0,$$

et, puisque $\dfrac{E}{\rho}$ est constant, $\quad \Sigma\, y\,\omega = 0$.

Or, c'est la condition analytique pour que le point O', à partir duquel sont mesurées les distances y, soit précisément le centre de gravité.

101 — C'est là un résultat important, car il permet de déterminer immédiatement la position de la fibre neutre

102. — La condition d'équilibre énoncée au N° 94 permet à son tour d'établir les équations d'équilibre.

Écrivons, en effet, que le moment des forces extérieures (ou moment fléchissant) est égal au moment des forces moléculaires (ou moment élastique).

Chaque force moléculaire sur une fibre de section ω, peut être représentée par $t\omega$ (nous venons de le voir) ou par $\dfrac{E}{\rho} y \omega$.

Son bras de levier est y par rapport à l'axe neutre, et elle a pour moment :

$$\frac{E}{\rho} y \omega \times y \quad \text{ou} \quad \frac{E}{\rho} y^2 \omega.$$

La somme des moments analogues pour la section entière étant égale au moment fléchissant Mf, on pourra poser cette première équation d'équilibre :

$$Mf = \frac{E}{\rho} \Sigma y^2 \omega \qquad (4)$$

On obtiendra d'ailleurs une seconde expression du moment fléchissant en remarquant que, d'après la relation (3) :

$$\frac{E}{\rho} = \frac{t}{v},$$

où t et v sont la tension et l'écartement à la fibre neutre de l'arête la plus fatiguée, ce qui donne :

$$Mf = \frac{t}{v} \Sigma y^2 \omega \qquad (5)$$

Or, la somme des produits $y^2 \omega$, facteur commun aux deux relations (4) et (5) est l'expression analytique de ce qu'on est convenu d'appeler le moment d'inertie de la section considérée par rapport à son centre de gravité o'

On le désigne par I et les équations (4) et (5) prennent la forme :

$$M_f = \frac{E\,I}{\rho} \qquad (6)$$

$$M_f = \frac{t\,I}{v} \qquad (7)$$

<u>Ce sont les deux équations fondamentales de la flexion.</u>

Signification des formules.

103. — La première relation $M_f = \dfrac{E\,I}{\rho}$, contient le rayon de courbure ρ et se prête ainsi à la détermination de la déformation ou de la courbure elle-même qu'affecte la fibre neutre.

La seconde relation $M_f = \dfrac{t\,I}{v}$ est plus importante encore, car elle offre le moyen de déterminer la tension de la fibre la plus fatiguée (qui est l'arête même de la pièce), à la seule condition qu'on connaisse le moment d'inertie de la section considérée.

Formule d'équarrissage.

104. — La formule d'équarrissage se déduit immédiatement de cette dernière formule.

Que faut-il, en effet, pour que la stabilité soit assurée ? Que le taux maximum auquel travaille la matière ne dépasse pas la limite de sécurité que nous avons désignée par R.

Remplaçons donc, dans la formule, t par R et nous aurons la formule <u>d'équarrissage</u> pour une section quelconque :

$$M_f = \frac{R\,I}{v} \qquad (8)$$

105 _ Dans cette formule, nous voyons figurer :

R, coefficient par lequel intervient la nature particulière des matériaux employés ;

Mf, moment fléchissant, facile à déterminer lorsqu'on connaît les forces extérieures, y compris la réaction des points d'appui, et leurs distances à la section considérée ;

Enfin $\frac{I}{V}$ dont le numérateur I est le moment d'inertie de la section, le dénominateur V étant la distance de l'arête la plus fatiguée à l'axe neutre. Ce coefficient qu'on nomme le module de résistance, dépend du profil de la pièce, c'est-à-dire de la forme de sa section transversale

Nous verrons comment cette formule se prête aux applications.

Forme de la courbe fléchie.

106. _ Une analyse assez simple, mais qui exige l'introduction du calcul des dérivées, permet de déduire de la formule (6) l'équation de la courbe fléchie elle-même, et la valeur de la flèche.

Mais pour ce qui nous sera nécessaire dans la construction du bâtiment, il ne nous semble pas utile de développer ici cette notion.

§ 3 ......

_ §. 3. _

Effort tranchant.

Formule
d'équilibre.

107. _ Nous avons vu au N° 92 qu'en projetant sur un plan de section perpendiculaire à l'axe neutre (sur oy, dans notre figure 20) toutes les forces agissant sur un tronçon déterminé entre un point d'appui et la section considérée, on obtient une relation :

$$\Sigma F = A \qquad (9)$$

entre la somme algébrique des forces extérieures F et les forces moléculaires A qui leur font équilibre et qui agissent dans le plan même de la section.

Nous avons appelé __effort tranchant__ l'ensemble A de ces forces moléculaires et l'équation (9) permet d'en connaître la valeur, lorsqu'on connaît les forces extérieures F.

Charge de sécurité à
l'effort tranchant.

108. _ Nous désignerons par R_c la charge de sécurité à l'effort tranchant, ce coefficient étant le même que pour la résistance au cisaillement.

Nous rappellerons que cette charge de sécurité est toujours inférieure à la charge de sécurité à la traction que nous avons désignée par R et qui est connue pour les différents matériaux.

On peut admettre : $\qquad R_c = \dfrac{4}{5} R$.

Cette.....

Cette valeur est toujours applicable dans le sens transversal.

Dans le sens longitudinal, elle est notablement plus faible pour le bois (v. N.º 76).

Équation équarrissage. 109. — Cela posé, il est facile d'établir la formule d'équarrissage, car, si la section totale de la pièce est ω, celle-ci résiste à un effort tranchant R_c par unité de surface, et pour toute la section, à un effort $R_c\,\omega$, ce qui permet de poser :

$$A = R_c\ \omega .$$

Chapitre 6.

Applications de la théorie de la flexion à une poutre posée sur deux appuis.

— §. 1. —

Considérations générales.

Deux ordres de problèmes.

110 — Les problèmes relatifs à la flexion sont de deux sortes et peuvent s'énoncer ainsi :

1° — Calculer les dimensions transversales d'une pièce prismatique de manière qu'elles donnent une résistance suffisante au point le plus fatigué.

Le profil étant partout le même, il en résulte que les dimensions et la stabilité sont surabondantes sur tous les autres points.

2° — Calculer les dimensions transversales le long de l'axe, pour que chaque profil satisfasse strictement à l'équilibre.

111.

Solide d'égale résistance.

111 — Le profil est donc maximum au point le plus fatigué; il va ensuite en diminuant comme le moment fléchissant. On dit alors que la pièce a la forme d'un solide d'égale distance.

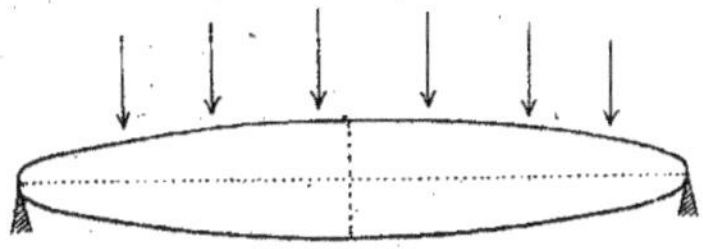

Fig. 23.

La matière semble ainsi mieux utilisée; ce qui ne veut pas dire que l'économie soit nécessairement de ce côté. Si l'on emploie du bois, en effet, il n'y a pas d'économie à délarder un madrier AB qui est naturellement prismatique, sous prétexte de lui donner une forme d'égale résistance, tout ce qu'on enlève étant perdu.

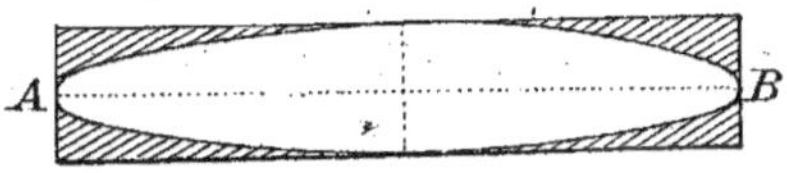

Fig. 24.

De même, les fers obtenus par laminage sont nécessairement à profil constant. Il y a donc un excès de matière; mais, les fers laminés étant d'une fabrication économique, on trouve cependant intérêt à les employer.

Détermination des forces extérieures y compris les réactions des points d'appui.

112 — Dans chaque problème, on doit connaître les charges que la pièce peut avoir à supporter. Pour compléter l'ensemble des forces extérieures, il faut tout d'abord déterminer les réactions des points d'appui.

Celte détermination est très simple lorsqu'il s'agit d'une poutre reposant sur deux appuis.

Soit.....

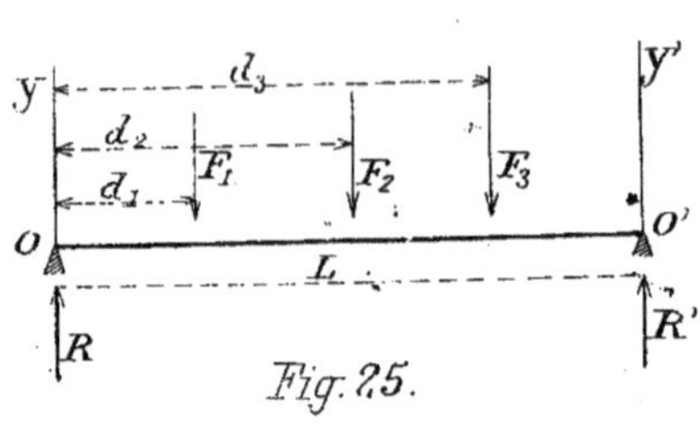

Fig. 25.

Soit L la longueur de cette poutre OO' représentée par son axe.

Soit F_1, F_2, F_3 ....., les charges verticales et d_1, d_2, d_3 ...... leurs distances à l'un des points d'appui, O.

Pour l'équilibre, il faut :

a) — que la somme algébrique des projections sur un axe quelconque soit nulle.

En projectant sur une verticale, nous aurons :

$$\Sigma F = R + R'$$

ce qui revient à dire que la somme des réactions des points d'appui est égale à la somme des charges.

b) — que la somme des moments par rapport à un point quelconque soit nulle.

Par rapport à O, le moment de la réaction R qui passe par ce point est nul, et il reste

$$R'L = F_1 d_1 + F_2 d_2 + F_3 d_3 + \ldots\ldots = \Sigma Fd.$$

Par rapport à O', le moment de la réaction R' est nul à son tour et il reste :

$$RL = F_1(L - d_1) + F_2(L - d_2) + \ldots\ldots = \Sigma F(L - d)$$

On voit que ces deux équations donnent immédiatement les réactions

$$R = \frac{\Sigma Fd}{L}$$

$$R' = \frac{\Sigma F(L - d)}{L}.$$

113. — Le système des forces extérieures étant ainsi connu, il faut déterminer le moment fléchissant pour une section quelconque; Or, nous savons que, dans la valeur de ce moment M, il entre le module de résistance $\frac{I}{V}$.

Ce module dépend de la forme et des dimensions du profil dans la section considérée.

Il est facile de le calculer lorsqu'il s'agit de profils géométriques tels que le carré, le rectangle, le cercle, ... pour lesquels le moment d'inertie I est donné par les formules simples.

Le tableau suivant présente ces formules pour un certain nombre de profils usuels.

Tableau ....

114. Moments d'inertie et modules de résistance pour les profils usuels, symétriques par rapport à l'axe neutre.

Indication du Profil	Moment d'inertie I	Distance à l'axe neutre de la fibre la plus fatiguée V	Module de résistance $\dfrac{I}{V}$
Rectangle plein	$\dfrac{1}{12}\,bh^3$	$\dfrac{h}{2}$	$\dfrac{1}{6}\,bh^2$
Rectangle creux	$\dfrac{1}{12}\left(bh^3 - b_1 h_1^3\right)$	$\dfrac{h}{2}$	$\dfrac{1}{6.h}\left(bh^3 - b_1 h_1^3\right)$
Carré plein	$\dfrac{1}{12}\,b^4$	$\dfrac{b}{2}$	$\dfrac{1}{6}\,b^3$
Carré creux	$\dfrac{1}{12}\left(b^4 - b_1^4\right)$	$\dfrac{b}{2}$	$\dfrac{1}{6.b}\left(b^4 - b_1^4\right)$
Carré diagonal	....	....	$0{,}118\,b^3$
Cercle plein	$\dfrac{\pi R^4}{4}$	R	$\dfrac{\pi R^3}{4} = 0{,}785\,R^3$
Cercle creux	$\dfrac{\pi}{4}\left(R^4 - r^4\right)$	R	$\dfrac{\pi}{4R}\left(R^4 - r^4\right) = 0{,}785\,\dfrac{\left(R^4 - r^4\right)}{R}$
Ellipse pleine	$\dfrac{\pi}{4}\,h^3 b$	h	$\dfrac{\pi}{4}\,h^2 b$
Ellipse creuse	$\dfrac{\pi}{4}\left(h^3 b - h_1^3 b_1\right)$	h	$\dfrac{\pi}{4h}\left(h^3 b - h_1^3 b_1\right)$
Section cruciale Double T à plat	$\dfrac{1}{12}\left(hb^3 + h_1 b_1^3\right)$	$\dfrac{b}{2}$	$\dfrac{1}{6b}\left(hb^3 + h_1 b_1^3\right)$
Fer double I debout Fer en U debout	$\dfrac{1}{12}\left(bh^3 - b_1 h_1^3\right)$	$\dfrac{h}{2}$	$\dfrac{1}{6h}\left(bh^3 + b_1 h_1^3\right)$
Poutre composée	$\dfrac{bh^3 - \left(b_1 h_1^3 + b_2 h_2^3 + b_3 h_3^3\right)}{12}$	$\dfrac{h}{2}$	$\dfrac{bh^3 - \left(b_1 h_1^3 + b_2 h_2^3 + b_3 h_3^3\right)}{6h}$

115. — D'une manière générale, on peut considérer que, dans une poutre symétrique I composée en tôle et cornières, de hauteur h et chaque semelle ayant une section ω, on aura approximativement, en négligeant l'âme dont l'épaisseur est faible et qui n'intervient pas d'une façon notable dans la valeur du moment d'inertie :

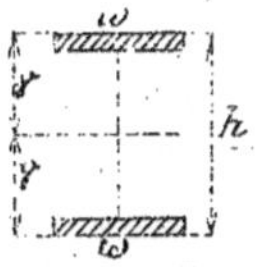

moment d'inertie : $\quad I = \omega \dfrac{h^2}{2}$

module de résistance : $\quad \dfrac{I}{V} = \omega h$

116. — On aura d'ailleurs rarement à calculer directement le module de résistance des profilés usuels (doubles I, T simples, fers en U, cornières, etc....), les albums d'usines donnant toujours les renseignements nécessaires pour les types de fabrication courante.

Le tableau suivant en donne un exemple ; il se rapporte aux profils normaux généralement adoptés aujourd'hui et donne : le poids par m. courant, le module de résistance $\dfrac{I}{V}$ (quelquefois indiqué par les lettres $\dfrac{I}{n}$) et la valeur des charges uniformément réparties qu'ils peuvent supporter suivant la longueur.

117. — Tableau....

A Tableau

donnant les profils, les poids par mètre courant, les sections et les charges maximums uniformément réparties que peuvent supporter les fers à ⌶ de l'Album des Usines du *Creusot* reposant librement par leurs extrémités sur des appuis espacés de 2 à 8 mètres pour les résistances de 6, 8 et 10 Kilog. par millimètre carré de section.

Nota: Dans le cas de charges placées au milieu de la longueur, il ne faudra prendre que la moitié des nombres indiqués.

Profils — Fers à planchers Ailes ordinaires	Poids du mètre	Valeurs de $\frac{I}{N}$	R	Charges uniformément réparties correspondant aux coefficients de sécurité 6, 8 et 10 Kil. pour des portées de 2 à 8 mètres.						
				2,00	3,00	4,00	5,00	6,00	7,00	8,00
⌶ 80 — 80 x 39 x 4 1/2	7.00^K	0,0000041087	6	506	338	253	202	168	145	126
			8	675	450	337	270	225	193	169
			10	843	562	421	337	281	241	211
⌶ 100 — 100 x 42 x 5	9.00^K	0,0000391111	6	771	513	385	308	257	220	193
			8	1028	687	514	412	542	294	257
			10	1285	856	642	513	428	367	321
⌶ 120 — 120 x 44 x 5 1/2	10.50^K	0,0000046975	6	1127	752	563	451	376	322	282
			8	1503	1004	751	601	500	430	376
			10	1879	1252	939	751	625	537	469
⌶ 140 — 140 x 50 x 6	13.00^K	0,0000041808	6	1552	1034	776	620	517	443	388
			8	2072	1381	1036	829	690	592	518
			10	2592	1728	1296	1037	864	740	648
⌶ 160 — 160 x 52 1/2 x 6 1/2	15.00^K	0,0000887971	6	2128	1412	1064	851	709	608	532
			8	2838	1891	1419	1135	945	810	709
			10	3548	2365	1774	1419	1182	1013	887
⌶ 180 — 180 x 56 1/2 x 7	19.50^K	0,000121787	6	2920	1946	1460	1168	973	834	730
			8	3894	2595	1947	1557	1297	1112	973
			10	4868	3244	2434	1947	1622	1391	1217
⌶ 200 — 200 x 58 1/2 x 7 1/2	22.00^K	0,000153765	6	3690	2460	1845	1478	1232	1057	922
			8	4920	3280	2460	1970	1640	1408	1230
			10	6150	4100	3075	2459	2050	1758	1537
⌶ 220 — 220 x 62 1/2 x 8	25.50^K	0,000195659	6	4696	3130	2348	1880	1565	1345	1174
			8	6261	4174	3130	2505	2088	1790	1565
			10	7826	5217	3913	3130	2603	2237	1956
⌶ 260 — 260 x 69 x 10	31.60^K	0,000272749	6	6545	4363	3272	2618	2181	1870	1636
			8	8727	5818	4363	3491	2909	2403	2181
			10	10909	7273	5454	4363	3636	3117	2727

§. 2.

Problèmes usuels.

1er Problème.

118. _Cas d'une poutre chargée d'un poids uniformément réparti. $P = pl$._

Soit une pièce AB reposant sur deux appuis et chargée d'un poids uniformément réparti, à raison du poids p par unité de longueur. L'écartement des appuis est l ; la charge totale sera $P = pl$ et les deux réactions des appuis, qui sont égales par raison de symétrie, auront chacune pour valeur la moitié de la charge totale, soit $R = \dfrac{pl}{2}$.

Moment fléchissant. — **119. —** Considérons une section quelconque mn, située à une distance x de l'un des points d'appui A. Si nous appliquons la méthode générale qui consiste à supprimer le tronçon de droite par exemple, les seules forces extérieures qui affectent le tronçon de gauche sont :

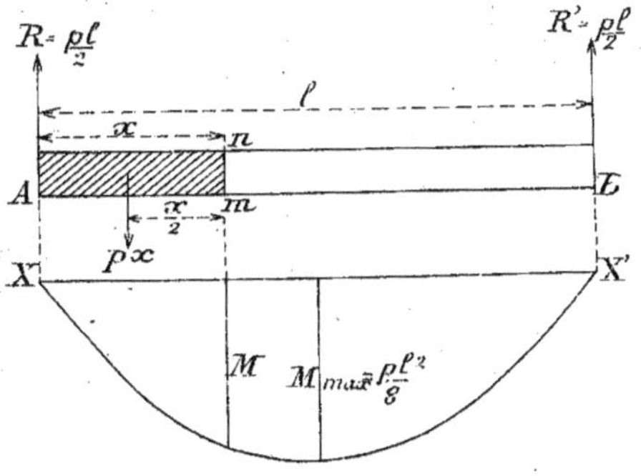

$$1^{\circ} \ldots\ldots$$

Fig. 26.

1°. — les charges uniformément réparties de A en m, sur une longueur x.

Leur valeur est px; leur résultante est appliquée au milieu de A m, à une distance $\frac{x}{2}$ de la section mn et son moment par rapport à la section mn est par conséquent :

$$px \times \frac{x}{2} \quad ou \quad \frac{px^2}{2}.$$

2°. — la réaction du point d'appui, réaction égale à $\frac{pl}{2}$ comme nous venons de le voir; son moment par rapport à mn sera :

$$\frac{pl}{2} \times x.$$

Ces deux moments sont de signe contraire, leur somme algébrique représente le moment fléchissant :

$$\frac{pl}{2} x - \frac{px^2}{2} = M \qquad (1)$$

120. — En représentant la valeur M du moment fléchissant par une ordonnée proportionnelle on peut construire la courbe représentée par cette équation, courbe qui est une parabole dont le sommet correspond au milieu de la pièce, pour $x = \frac{l}{2}$, la valeur maxima du moment fléchissant est alors :

$$M_{max.} = \frac{pl^2}{8} \qquad (2)$$

121. — Si nous nous reportons à l'équation générale d'équarrissage établie précédemment :

$$M = \frac{RI}{V}$$

en remplaçant M par sa valeur maxima, nous voyons que cette équation d'équarrissage devient :

$$\frac{RI}{V} = \frac{pl^2}{8} \qquad (3)$$

Cette équation permet de calculer le module de résistance $\frac{I}{V}$ que doit présenter le profil de la pièce pour résister aux efforts auxquels elle est soumise. On peut également procéder autrement et vérifier si une pièce de profil donné peut résister à la charge indiquée.

Profil rectangulaire.

122 — S'il s'agit d'une poutre à profil rectangulaire, dont la hauteur est h et l'épaisseur b,

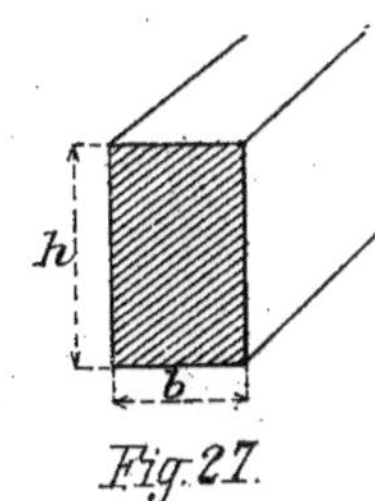

$$\frac{I}{V} = \frac{1}{6} bh^2.$$

L'équation d'équarrissage définitive sera :

$$\frac{R b h^2}{6} = \frac{pl^2}{8} \qquad (4)$$

En se donnant la hauteur h du profil (ou le rapport $\frac{h}{b}$), il est dès lors facile de calculer l'épaisseur convenable b.

Effort tranchant. —

123. — Reprenons la figure qui nous a permis de construire la courbe du moment fléchissant et cherchons maintenant à représenter l'effort tranchant de la même manière, c'est-à-dire au moyen d'ordonnées menées à partir du même axe $X X'$.

On.....

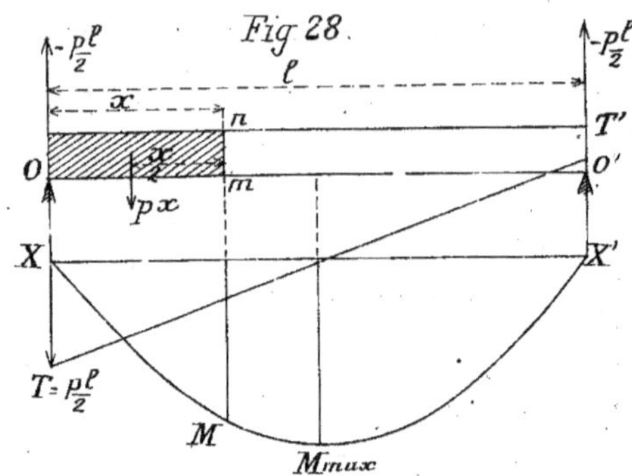

On sait que dans une section mn, l'effort tranchant A s'obtient en projetant sur mn toutes les forces extérieures agissant sur le tronçon om. Ces forces comprennent:

1° — la charge uniformément répartie sur la longueur x du tronçon, soit px au total;

2° — la réaction $\frac{p\ell}{2}$ du point d'appui O, qui est de signe contraire à la charge.

On a ainsi

$$A = p\left(\frac{\ell}{2} - x\right) \qquad (5)$$

124. Cette équation représente une droite TT', coupant l'axe XX' au milieu de la portée $\left(x = \frac{\ell}{2},\ A = 0\right)$ où l'effort tranchant est nul.

De ce point milieu, l'effort tranchant va en croissant régulièrement de part et d'autre jusqu'aux points d'appui où il est maximum, avec la valeur:

$$A = \frac{p\ell}{2},\ \text{pour}\ x = 0\ \text{et}\ x = \ell.$$

On remarquera que cette valeur est précisément celle de la réaction du point d'appui.

125.......

125. — Une poutre en bois reposant sur deux appuis dont l'écartement est de 5^m est chargée d'un poids uniformément réparti $p = 350$ Kg. par m. courant. Quel équarrissage devra-t-on adopter ?

L'équation d'équarrissage est : $\dfrac{RI}{V} = \dfrac{pl^2}{8}$ (1)

où $\dfrac{pl^2}{8}$ représente le moment fléchissant et $\dfrac{RI}{V}$ le moment élastique dans la section la plus fatiguée.

Dans le cas d'une pièce à section rectangulaire, de hauteur h et de largeur b, $\dfrac{RI}{V}$ devient : $\dfrac{Rbh^2}{6}$, et la relation (1) prend la forme :

$$\frac{Rbh^2}{6} = \frac{pl^2}{8}. \qquad (2)$$

Les deux dimensions de la section sont inconnues et le problème se trouve ainsi indéterminé ; mais dans la pratique, ce problème se présente sous trois formes différentes, soit qu'on s'impose un certain rapport entre la hauteur h et la largeur b (ce rapport est le plus souvent voisin de $\dfrac{h}{b} = 3$) ; soit qu'on se donne l'une des dimensions ; soit enfin qu'on cherche simplement, à vérifier si un bois d'échantillon commercial satisfait à la stabilité.

Voici un exemple de chacun de ces problèmes :

126 — a) — On s'impose le rapport $\dfrac{h}{b} = 3$ ou $b = \dfrac{h}{3}$.

La relation (2) prend la forme :

$$R \times \frac{h^3}{3 \times 6} = \frac{pl^2}{8}$$

Si h est exprimé en mètres $R = 600.000^k$ pour le bois ; en outre, il résulte des données que $p = 350^k$ et $l = 5^m$

On...

On aura donc :

$$\frac{600\,000 \times h^3}{3 \times 6} = 350 \times \frac{25}{8} = 1093$$

D'où :

$$h^3 = \frac{1093 \times 3}{100\,000} = \frac{3279}{100\,000}$$

ce qui donne pour la hauteur $h = 0^{m}320$

et pour la largeur : $b = \frac{1}{3}h = 0^{m}106$.

127. — b) — <u>On se donne la hauteur de la pièce</u>, $h = 0^{m}250$.

Dans la relation (2) : $R\,\dfrac{bh^2}{6} = \dfrac{pl^2}{8}$, remplaçons les lettres par leurs valeurs :

$$R = 600\,000 \;,\; h = 0,250 \;,\; p = 350^{k} \;,\; l = 5^{m}00 :$$

$$\frac{600.000}{6} \times b \times 0,25^2 = \frac{350 \times 25}{8} = 1093$$

d'où :

$$b = \frac{1093}{6250} = 0^{m}175$$

l'équarrissage est ainsi défini ; la pièce mesurera :
$0^{m}25$ de hauteur et $17^{cm}5$ de largeur.

128. — c) — <u>Vérifier si la stabilité est satisfaite en employant deux madriers jumelés, la section de chaque madrier étant de $0^{m}22 \times 0^{m}08$.</u>

Les deux madriers jumelés équivalent à une poutre qui aurait une hauteur $h = 0^{m}22$, et une largeur totale :
$$b = 2 \times 0^{m}08 = 0^{m}16.$$

Il faut que le moment résistant soit au moins égal au moment fléchissant

$$\frac{RI}{V} \geqslant \frac{pl^2}{8},$$

ou

$$\frac{R.b.h^2}{6} > \frac{pl^2}{8}$$

Le second membre est, comme nous l'avons calculé plus haut : $\frac{pl^2}{8} = 1093$.

Dans le premier membre portons les valeurs numériques ; nous trouverons :

$$\frac{R}{6} bh^2 = \frac{600000}{6} \times 0,16 \times \overline{0,22}^2 = 774,4.$$

nombre inférieur à la valeur 1093 du moment fléchissant.

Donc le dispositif ne serait pas suffisant.

129. — d) — Quelle charge maximum uniformément répartie peut supporter le dispositif précédent, c'est-à-dire 2 madriers jumelés formant ensemble une poutre de $h = 0,22$ et $b = 0,16$?

Soit encore p cette charge par m. courant, qui devra satisfaire à la relation :

$$\frac{R bh^2}{6} = \frac{pl^2}{8}$$

d'où l'on tire :

$$p = \frac{R}{6} bh^2 \times \frac{8}{l^2} = \frac{600000}{6} \times \frac{0,16 \times \overline{0,22}^2 \times 8}{25} = 247,8^K.$$

Remarque au sujet de l'effort tranchant.

130. — Une poutre en bois ou en métal, reposant sur deux appuis et calculée pour résister au moment fléchissant, aura des dimensions suffisantes pour résister à l'effort tranchant.

Il n'y aura donc pas lieu de calculer la valeur maximum de cet effort.

131 — _Même problème appliquée à un fer double T posé sur deux appuis._

La longueur étant encore de 5^{m} et la charge uniformément répartie $p = 350^{K}$ par m. courant.

L'équation d'équarrissage est $\dfrac{RI}{V} = \dfrac{pl^2}{8}$ et les données permettent de calculer immédiatement le second membre qui représente le moment fléchissant :

$$\frac{pl^2}{8} = \frac{350 \times \overline{5}^2}{8} = 1093.$$

Quant au moment élastique (ou moment résistant) qui constitue le premier membre, la valeur de R est seule connue ; c'est la charge de sécurité du fer à l'extension, soit :

$$R = 6.000.000 \text{ rapporté au } m^2.$$

La relation devient ainsi :

$$6.000.000 \times \frac{I}{V} = 1093$$

Ce qui permet de calculer le module de résistance $\dfrac{I}{V}$:

$$\frac{I}{V} = \frac{1093}{6000000} = 0,000182$$

En se reportant au tableau du $N.^{o}$ 117, on trouve dans la colonne du module de résistance, la valeur 0.000.195.659 immédiatement supérieure à celle que nous venons de déterminer. Elle correspond à un profil en double T dont les éléments sont :

hauteur .... 220^{mm}
largeur totale .... $62,\frac{1}{2}$
épaisseur 8
Poids en m. courant .. $25^{k}500$

2ᵉᵐᵉ Problème. —

Cas d'une poutre posée sur deux appuis, soumise à une seule force massive $P^{(1)}$ appliquée en un point quelconque de sa longueur.

Réaction des points d'appui.

132 — Si nous désignons par d la distance de la force unique P au point d'appui O, sa distance à O' étant $(l-d)$, les réactions des points d'appui sont (N° 112) :

$$R = \frac{P(l-d)}{l} \quad \text{sur l'appui } O$$

$$R' = \frac{Pd}{l} \quad \text{sur l'appui } O'.$$

Moment fléchissant.

133. — Nous prendrons encore une section mn, comprise tout d'abord entre le point d'appui O et la charge P. A gauche de cette section, il n'y a plus, comme forces extérieures, que la réaction du point d'appui O, soit : $\frac{P(l-d)}{l}$, dont le moment par rapport à mn représentera précisément le moment fléchissant. Son bras de levier est x et l'on a :

$$\frac{P(l-d)}{l} \cdot x = M.$$

C'est l'équation d'une droite passant par l'origine O $(x = 0, M = 0)$.

Sur la verticale de la charge, pour $x = d$, on a :

$$M = \frac{P(l-d)d}{l}$$

Si la section passe au-delà de cette verticale, les forces

___

(1) On entend par "force massive" ou "force concentrée" une force tout entière appliquée en un seul point de la poutre.

extérieures comprennent, outre la réaction du point d'appui 0 $\left(\frac{P(l-d)}{l}\right)$, la charge P elle-même.

La somme de leurs moments est alors :

$$\frac{P(l-d)}{l} x - P(x-d) = M$$

ou

$$\frac{Pd}{l}(l-x) = M.$$

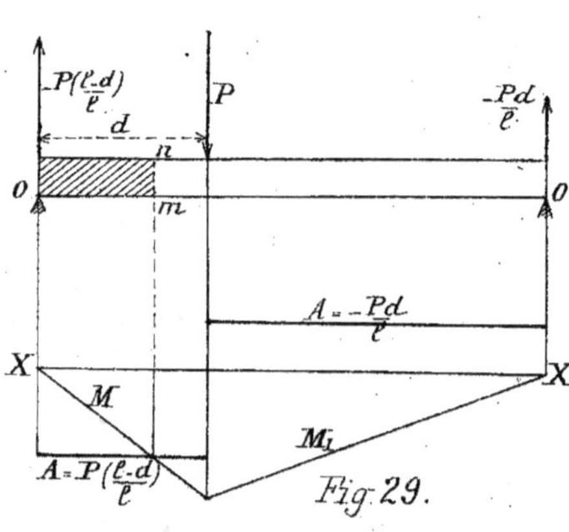

C'est encore une droite qui passe par le point $0'$ correspondant au second point d'appui ($x=l$, $M=0$). Elle coupe la verticale de la charge au même point que la première ($x=d$, $M=\frac{P(l-d)d}{l}$). En ce point, le moment fléchissant atteint sa valeur maximum.

Cas d'une charge au milieu de la poutre.

134. — Dans le cas particulier où la charge agit au milieu de la poutre, $d=\frac{l}{2}$, on a $M=\frac{P}{2}x$, et le maximum du moment fléchissant est :

$$M_{max} = \frac{Pl}{4}.$$

L'équation d'équarrissage devient :

$$\frac{RI}{V} = \frac{Pl}{4}.$$

Remarque. —

135. — Il est intéressant de comparer ce résultat à celui du problème précédent.

Dans le cas d'une charge uniformément répartie p par m. courant, soit une charge totale $P = pl$, le moment fléchissant était

$$M_m = \frac{pl^2}{8} \quad \text{ou} \quad M = \frac{Pl}{8}.$$

Dans le cas d'une charge massive P appliquée au milieu de la poutre, on a :

$$M_m = \frac{Pl}{4}.$$

Donc :

Pour des pièces de même module de résistance $\frac{I}{V}$, le poids massif qu'elles peuvent supporter en leur milieu n'est que la moitié de la charge uniformément répartie admissible.

Effort tranchant —

136. — En nous reportant à la même figure 29, on obtiendra, comme à l'ordinaire l'effort tranchant correspondant à une section $m\,n$, en projetant les forces extérieures qui agissent sur le tronçon de gauche, par exemple, sur le plan de section.

Si la section est entre l'origine O et la verticale de la charge, celle-ci n'intervient pas. Reste la réaction du point d'appui, et l'on a :

$$A = \frac{P(l-d)}{l}.$$

Valeur constante pour tout l'intervalle jusqu'à la verticale de la charge. L'équation représente une droite parallèle à l'axe XX'.

Si l'on passe au delà, les forces extérieures projetées comprennent la réaction du point d'appui comme ci-dessus, et la charge elle-même. On a donc:

$$A_{\prime} = P\,\frac{(l-d)}{l} - P \quad \text{ou} \quad A_{\prime} = -\frac{Pd}{l}.$$

Nouvelle parallèle à l'axe XX'.

137 — Dans le cas où la charge est appliquée au milieu de la pièce, $d = \frac{l}{2}$, $A = A_{\prime} = \pm\frac{P}{2}$. L'effort tranchant a la même valeur absolue pour toute la longueur de la pièce.

Exemple numérique — 138 — Soit une poutre en bois formée d'un basting de $5^{m}.00$ de longueur reposant sur deux appuis. Sa section est rectangulaire et mesure $h = 16^{cm}$ et $b = 6^{cm},5$. Quelle charge massive pourra-t-elle supporter en son milieu ?

D'après ce que nous venons de voir au N.° 128, l'équation d'équarrissage est :

$$\frac{RI}{V} = \frac{Pl}{4},$$

et la section étant rectangulaire on sait d'ailleurs que

$$\frac{RI}{V} = R\,\frac{bh^2}{6}$$

ou, en chiffres :

$$\frac{RI}{V} = 6 \times \frac{6,5 \times \overline{16}^2}{6} = 1664$$

(ce moment élastique avait été calculé déjà dans le problème du N.° 126)

On a ainsi ; puisque $l = 5$

$$1664 = P \times \frac{5}{4}$$

d'où :

$$P = \frac{1664 \times 4}{5} = 1331.$$

Cette charge est la moitié de celle que l'on trouverait pour le cas d'un poids uniformément réparti.

3ème Problème

Cas de plusieurs charges massives appliquées en différents points. —

Moment fléchissant.

139 — La méthode que nous venons d'employer est générale ; il suffira de l'appliquer en prenant successivement la section mn dans les divers intervalles déterminés par les verticales des forces.

On verrait alors aisément que le moment fléchissant est représenté par les ordonnées d'une série de droites se coupant sur les verticales des charges.

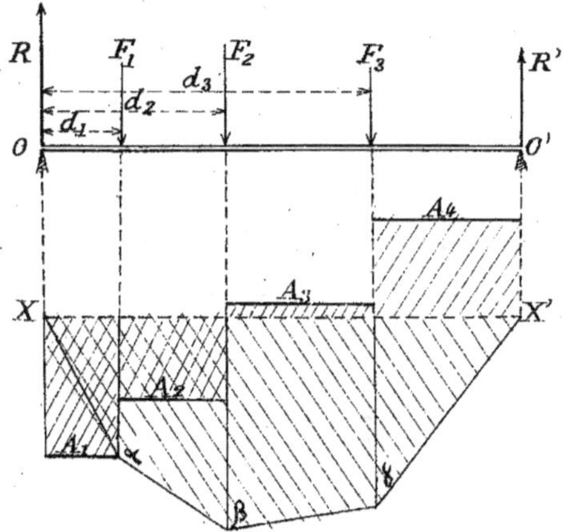

Fig. 30.

Efforts tranchants. — 140. — Les efforts tranchants sont de même donnés par les ordonnées d'une série de parallèles à l'axe XX' formant des gradins limités aux mêmes verticales.

Les efforts tranchants près des points d'appui sont d'ailleurs égaux respectivement aux réactions de ces points d'appui.

4ᵉᵐᵉ Problème.

Cas d'une poutre soumise à une charge uniformément répartie (p. par mètre courant) et à une charge massive P appliquée en un point quelconque.

Moment
fléchissant.

141. — C'est le cas général des poutres qui, outre une surcharge accidentelle, supportent leur propre poids d'une manière permanente.

Si le poids uniformément réparti était seul en jeu, la courbe des moments fléchissants serait une parabole d'allure continue $O m O'$, dont l'équation serait :

$$\frac{pl}{2} x - \frac{px^2}{2} = M \qquad (v.\ n^o 119)$$

Si la charge massive agissait seule, l'ordonnée du moment fléchissant croîtrait uniformément de O jusqu'à la verticale du poids P et décroîtrait ensuite régulièrement de P en O'.

Le moment fléchissant serait aussi dans ce second cas représenté par deux droites :

$$\frac{P(l-d)}{l} x = M_1, \qquad \text{en deçà de la charge,}$$

$$\frac{Pd}{l} x = M_2 \qquad \text{au delà de la charge.}$$

Si enfin les deux actions se trouvent simultanées, leurs effets se superposent, et l'on aura, en ajoutant les ordonnées correspondantes :

1º.- De l'origine jusqu'à la charge P :

$$M_1 = \frac{pl}{2} x - px^2 + \frac{P(l-d)}{l} x$$

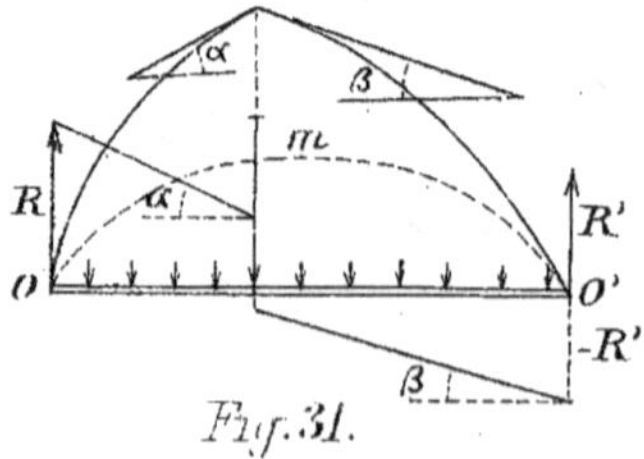

Fig. 31.

2°. _ de la charge P au second point d'appui :

$$M_2 = \frac{p l}{2} x - p x^2 + \frac{P d}{\ell} x.$$

L'une et l'autre de ces courbes représentent des arcs paraboliques qui se coupent sur la verticale de la charge P, en Z.

Effort tranchant. _

142. _ Pour avoir la représentation graphique de l'effort tranchant, il faudrait de même ajouter les efforts tranchants dus séparément à la charge uniformément répartie et à la charge massive.

Il en résulte deux droites, avec un ressaut sur la verticale de la charge massive.

Remarque. _

143. _ On démontre que chacune de ces droites a la même inclinaison sur l'horizontale que la tangente à la courbe correspondante, au sommet situé sur la charge verticale de la charge massive.

Les efforts tranchants près des points d'appui ont enfin chacun la même valeur que la réaction du point d'appui correspondant.

Exemple numérique.

144. _ Une poutre en bois de $5^m,00$ de longueur repose librement sur deux appuis. Elle supporte une charge permanente et uniformément répartie de $p = 150^k$ par mètre courant et une charge éventuelle massive de $P = 1000^k$ en son milieu. Déterminer l'équarrissage convenable.

L'équation d'équarrissage s'obtient comme toujours en écrivant que le moment élastique $\left(\dfrac{RI}{V}\right)$ fait équilibre au moment fléchissant M. Or nous venons de voir (N° 141) que le moment fléchissant M a pour valeur :

$$M = \frac{pl}{2}x - \frac{px^2}{2} + \frac{P(l-d)}{l}x,$$

en désignant par l la longueur de la pièce, x la distance de la section où l'on cherche le moment fléchissant au point d'appui choisi pour origine, d la distance de la charge massive au même point. Ici $d = \frac{l}{2}$.

La valeur maximum de ce moment fléchissant aura évidemment lieu au milieu, c'est-à-dire pour $x = \frac{l}{2}$ et l'on a alors

$$M_{max.} = \frac{pl}{2}\frac{l}{2} - \frac{p \times l^2}{2 \times 4} + \frac{P(l-\frac{l}{2})}{l}\frac{l}{2} = \frac{pl^2}{8} + \frac{Pl}{4}$$

ou $\qquad \frac{1}{2} \times \frac{150 \times 25}{8} + \frac{1000 \times 5}{4} = 1484$

À son tour, le moment élastique dans une section rectangulaire est facile à calculer. Nous avons déjà vu qu'on peut l'écrire :

$$\frac{RI}{V} = R\frac{bh^2}{6}$$

où $R = 600\,000$, lorsque b et h sont exprimées en mètres, d'où :
Ce moment élastique doit faire équilibre au moment fléchissant :

$$\frac{600.000}{6}bh^2 = 1484,$$

ce qui permet de calculer l'équarrissage, en se donnant, par exemple, une des dimensions :

soit $\quad h = 0,^m300 \quad$ on trouve $\quad b = 0,^m164$

145......

145. — **Même problème appliqué à une poutre en fer double I.** —

Le moment fléchissant ayant la valeur calculée ci-dessus : $M = 1484$, le moment résistant $\dfrac{RI}{V}$ doit lui faire équilibre :

$$\frac{RI}{V} = 1484$$

Or, pour le fer, $R = 6.000.000$, d'où l'on tire la valeur du module de résistance :

$$\frac{I}{V} = \frac{1484}{6\,000\,000} = 0,000\,247.$$

En cherchant dans le tableau des profilés (N°117), le module de résistance immédiatement supérieur à cette valeur, nous trouvons 0,000,272.749 correspondant à un double T dont les éléments sont les suivants :

hauteur 260

largeur de tables 69

épaisseur d'âme 10

poids au m. courant 31ᵏ600

Chapitre 7 . . . .

Chapitre 7.

Applications de la théorie de la flexion aux poutres encastrées.

Définitions

146 — On dit qu'une poutre est <u>encastrée</u>, lorsqu'elle est suffisamment liée à l'un de ses appuis pour qu'<u>aucune déformation ne soit possible en ce point</u>. Ce sera, par exemple, une barre maintenue entre les mâchoires d'un étau, ou une poutre dont l'extrémité est noyée dans un massif de maçonnerie.

Ces exemples indiquent d'ailleurs que l'encastrement ne peut exister que si la partie encastrée a une certaine longueur.

<u>L'encastrement est parfait</u>, si la déformation est rigoureusement impossible. Dans le cas où elle est simplement atténuée, on dit qu'il y a <u>encastrement incomplet</u>.

Analyse du phénomène.

147 — Pour nous rendre compte du phénomène, considérons d'abord une poutre simplement posée sur deux appuis. Sous l'action des charges qu'elle supporte, son axe neutre prendra une certaine courbure et la tangente au droit d'un des points d'appui aura une inclinaison i que l'on pourrait déterminer par le calcul.

L'about de la pièce subit, sur l'arête même du point d'appui où elle porte, une réaction y que nous savons déterminer.

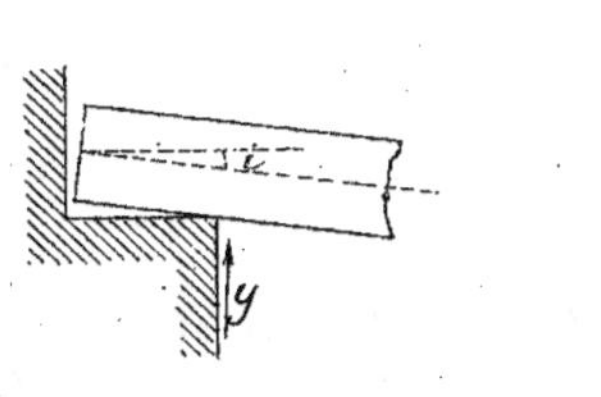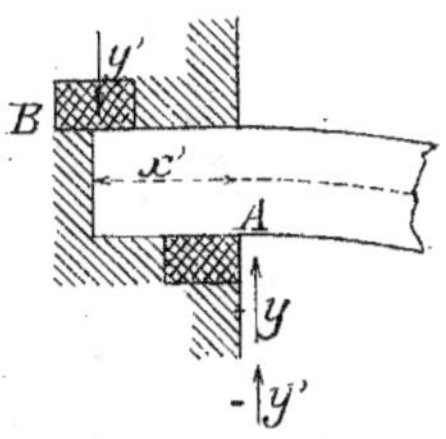

Fig. 32.

Si maintenant nous voulons rendre la déformation impossible, il faudra que la queue de la poutre appuie sur toute sa longueur; et par conséquent qu'une force y' s'exerce à son extrémité: cette force est produite par la réaction de la matière dans laquelle a lieu l'encastrement.

Elle est variable suivant le bras de levier; c'est-à-dire la longueur de l'encastrement.

On comprend du reste que l'intervention de cette réaction y' détermine une pression et une réaction correspondantes au bord A de l'encastrement (d'après la théorie du levier); en sorte que l'encastrement a pour effet d'augmenter la pression sur le point d'appui en A, où la pression totale est: $y + y'$, tandis qu'on a la valeur $-(y + y')$ pour la réaction correspondante du point d'appui.

Cette réaction est ainsi composée de deux parties: la première (y) est égale à la réaction qui se produirait si la poutre reposait simplement sur ses appuis, et la seconde (y') est due à l'encastrement.

On devra tenir compte de ces accroissements de pression dans le calcul de la résistance à l'écrasement des matériaux constituant le support et la chambre même de l'encastrement.

S'il s'agit de maçonnerie, le logement de la poutre

devra comporter une pierre particulièrement résistante au fond en B, et une pierre encore plus dure en A, sur l'arête.

Si maintenant l'on considère le système des trois forces sur l'about AB, on voit qu'elles comprennent une réaction y perpendiculaire à la fibre neutre, et un couple de forces y' et de bras de levier x' dont le moment est :

$$\mu = y'x'$$

1ᵉʳ Problème.

Poutre encastrée à une de ses extrémités, libre à l'autre, soumise à une charge unique agissant à l'extrémité libre.

Réactions des points d'appui.

148 — Nous conviendrons d'affecter du signe — les forces dirigées de haut en bas.

Pour l'équilibre, nous savons d'abord que la somme algébrique des forces (qui sont parallèles) y compris la réaction y, doit être nulle.

Les forces y' et $-y'$ constituant le couple d'encastrement sont égales et contraires : elles s'annulent donc dans la somme, et il reste ainsi :

$$y - P = 0 \qquad \text{ou} \qquad y = P.$$

En second lieu, la somme des moments pris par rapport au point B doit être également nulle, ce qui donne :

$$\mu \text{ ou } y'x' = -P\ell,$$

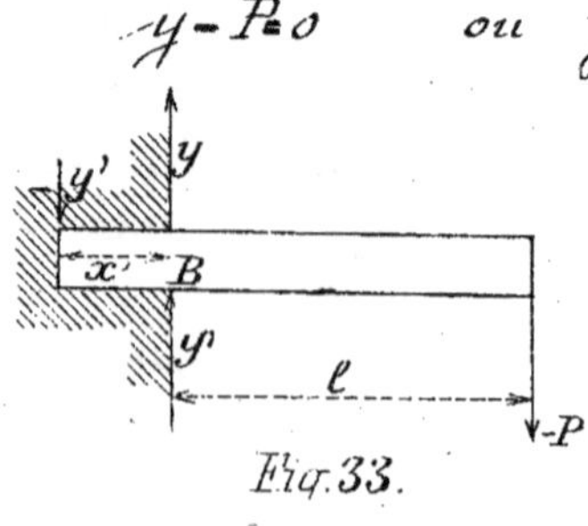

Fig. 33.

d'où :

$$y' = \frac{Pl}{x'}.$$

149. — Donc, en résumé :

1°. — La réaction en A est égale à la charge P ;

2°. — Le couple d'encastrement a le même moment que la charge P par rapport à la tranche d'encastrement ;

3°. — L'effort d'écrasement sur cette tranche est égal à la somme $y + y'$.

$$y + y' = P + \frac{Pl}{x'}$$

Il est d'autant plus grand que la longueur de la partie encastrée x' est plus petite.

150 — Prenons la fibre neutre O c pour axe des x et considérons ce qui se passe dans la section H située à une distance x de l'origine O.

En suivant la méthode habituelle, nous supprimerons le tronçon C à droite de la section, en le remplaçant pour l'équilibre par ses réactions sur le tronçon de gauche conservé, il suffira d'écrire que :

1° la somme des projections sur la verticale est nulle :

$$A \text{ ou } y = P \qquad (1)$$

2° le moment des forces par rapport à H est également nul.

$$M = \mu + yx \text{ ou} = \mu + Px \qquad (2)$$

A désigne l'effort tranchant ; il

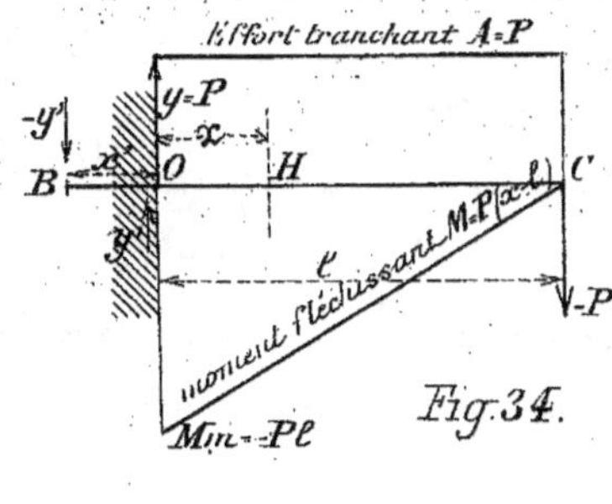

est constant et égal à la charge.

M désigne le moment fléchissant.

Pour $x=l$, au point C, on a:

$$M_c = \mu + Pl = 0$$

et comme

$$-\mu = -Pl.$$

En remplaçant μ par sa valeur, les relations (1) et (2) deviennent, en définitive:

$$A = P \qquad (3)$$
$$M = P(x-l) \qquad (4)$$

L'effort tranchant est donc représenté graphiquement par une droite parallèle à l'axe et à la distance P.

Le moment fléchissant est représenté également par une droite; mais cette droite est inclinée. Elle passe par l'extrémité C, où $M_c = 0$ et son maximum a lieu dans la section d'encastrement O; il est alors égal (pour $x=0$) à:

$$M_m = -Pl. \qquad (5)$$

Exemple numérique.

151. — Une poutre en bois a une section rectangulaire: $h = 22^{cm}$, $b = 8^{cm}$. Elle est encastrée dans la maçonnerie sur une longueur $x' = 0^m,25$ et sa longueur libre est de $1^m,50$. —

Quelle charge massive pourra-t-elle supporter à son extrémité, et quels seront les efforts d'écrasement dans l'encastrement?

a) — Le moment élastique $\dfrac{RI}{V}$ dans une section de dimensions $h \times b$ de la pièce est, comme on le sait:

$$\frac{RI}{V} = \frac{R b h^2}{6},$$

ou en remplaçant les lettres par leurs valeurs :

$$\frac{600.000}{6} \times 0,08 \times 0,\overline{22}^{\,2} = 387,20.$$

Ce moment élastique doit être au moins égal au moment fléchissant dû à la charge P et dont le maximum qui a lieu sur la tranche d'encastrement, est $M_m = - Pl$ ($n°150$).

D'où, puisque $l = 1,^m50$:

$$387,20 = - P \times 1,^m5$$
$$P = 258,^k15.$$

et

$b)$ — L'effort tranchant est constant et égal à P, c'est-à-dire à $258,^k15$.

Il est facile de vérifier que la pièce y résiste largement. La charge de sécurité à l'effort tranchant est en effet :

$$R' = \frac{4}{5} R = \frac{4}{5} \times 600.000 = 480.000 \text{ par } m^2$$

de section.

La section totale étant :

$$\omega = 0,22 \times 0,08 = 0,^{m2}0176$$

la résistance totale est :

$$0,0176 \times R' \text{ ou } 0,0176 \times 480.000 = 8448^k.$$

bien supérieure à la valeur (258^k) qu'on a trouvée pour l'effort tranchant.

$c)$ — Le moment d'encastrement est : $\mu = Pl$ ($n°148$)

On peut l'exprimer aussi en fonction de la réaction y' que l'encastrement provoque aux deux extrémités de la partie encastrée

$$\mu = x'y' = Pl = 387.20$$

Or, $\qquad x = 0{,}25^{cm}$

d'où :

$$y' = \frac{387.20}{0.25} = 1548{,}8^{k}$$

Cet effort s'exerce verticalement de bas en haut contre le plafond de l'encastrement à la queue de la poutre.

2ème Problème. —

Pièce encastrée, libre à une extrémité, est chargée d'un poids uniformément réparti p par m. courant. —

152 — Nous appliquerons la même méthode, pour une section H située à la distance x de l'encastrement.

a)- La projection des forces sur la verticale donnera :

$$A = -p\,(l-x)$$

C'est l'équation d'une droite passant par l'extrémité libre c (pour $x = l$) et coupant le plan d'encastrement (pour $x = 0$) en un point dont l'ordonnée est :

$$A_{max.} = pl \text{ ou } P \qquad (6)$$

C'est l'expression de l'effort tranchant maximum.

b)- En annulant la somme des moments par rapport à H, on aurait également tout calcul fait

$$M = -\frac{1}{2}\,p\,(l-x)^2 \qquad (7)$$

C'est....

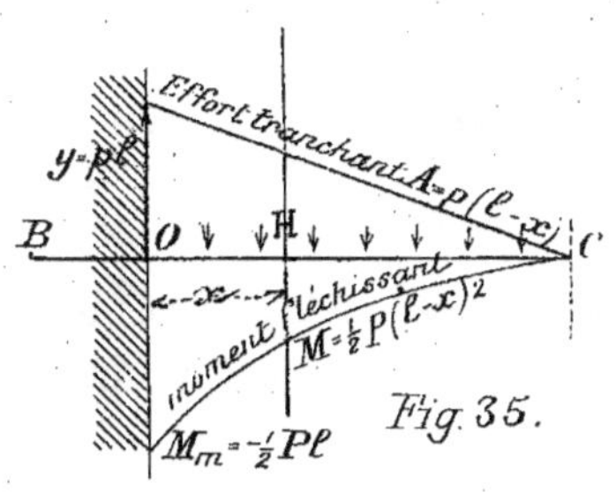

C'est l'équation d'une parabole dont le sommet est en C (pour $x = \ell$, $M = 0$) et dont l'ordonnée va en croissant vers la section d'encastrement où se trouve le maximum du moment fléchissant (pour $x = 0$)

$$M_m = \frac{1}{2}\, p\ell^2 \quad \text{ou} \quad \frac{1}{2} P\ell \quad (8).$$

154. — En comparant cette valeur au maximum (5) dans le cas d'une force massive, on voit qu'à égalité de charge totale :

Le moment fléchissant est, pour une charge uniformément répartie, la moitié du moment fléchissant que produirait une charge massive appliquée à l'extrémité de la poutre.

$3^{\text{ème}}$ Problème. —

Pièce encastrée à ses deux extrémités, chargée d'un poids P uniformément réparti (p. par m. courant).

$$P = p\ell.$$

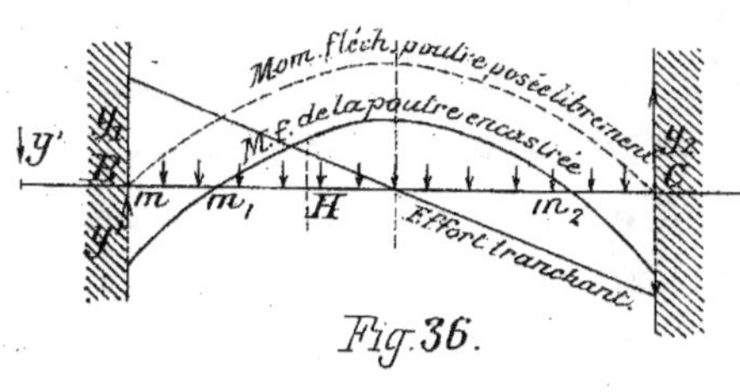

Ces réactions des points d'appui ont évidemment la même valeur qui est la moitié de la charge totale :

$$y_1 = y_2 = \frac{p\ell}{2}$$

Les....

Les moments d'encastrement sont égaux aussi, par raison de symétrie :

$$-\mu_1 = \mu_2 .$$

Effort tranchant.

156 — Considérons une section H située à une distance. de l'origine et, suivant la méthode habituelle, projetons sur une verticale.

Le poids du tronçon étant px, nous aurons l'effort tranchant :

$$A = y_1 - px = \frac{pl}{2} - px = p\left(\frac{l}{2} - x\right) \qquad (9)$$

Cet effort tranchant est donc le même que si la poutre reposait sur deux appuis   (N° 121).

Moment fléchissant

157 — Prenons les moments par rapport à la section H, ce qui nous donnera le moment fléchissant :

$$M = \mu + y_1 x - px \times \frac{x}{2} = \mu + \frac{pl}{2}x - \frac{px^2}{2} \qquad (10)$$

Si l'on se reporte au N° 116, relatif au cas d'une poutre simplement posée sur deux appuis, l'équation du moment fléchissant était alors :

$$M' = \frac{pl}{2}x - \frac{px^2}{2}.$$

On voit que les ordonnées des deux courbes sont les mêmes à une constante μ près, c'est-à-dire que, dans le cas de l'encastrement, on a la même courbe (parabole), mais déplacée verticalement de la valeur μ.

Cette nouvelle courbe coupe donc l'axe en deux points m_1, m_2 où le moment fléchissant est nul.

Moment
castrement.

158. – Quant à la valeur du moment d'encastrement, sans donner ici le calcul qui permet de le déterminer, il nous suffira d'indiquer sa formule :

$$\mu = -\frac{1}{12} p l^2 .$$

En l'introduisant dans la formule du moment fléchissant (10) et en faisant $x = \frac{l}{2}$, on trouve la valeur maximum du moment fléchissant :

$$M_m = \frac{5}{24} p l^2 .$$

A l'examen de la courbe du moment fléchissant, on voit qu'il est positif pour la région centrale de la poutre, de m_1 en m_2, et qu'il change de sens, de ces points jusqu'aux points d'appui, ce qui signifie que dans ces deux régions, les fibres étirées sont au-dessus de l'axe, tandis que les parties comprimées sont en dessous.

4ème Problème.

Poutre encastrée chargée d'un poids unique P en son milieu.

159 – La même méthode donnerait :

Pour l'effort tranchant : $A = \frac{P}{2}$.

Pour le moment fléchissant : $M = \mu + \frac{P}{2} x$

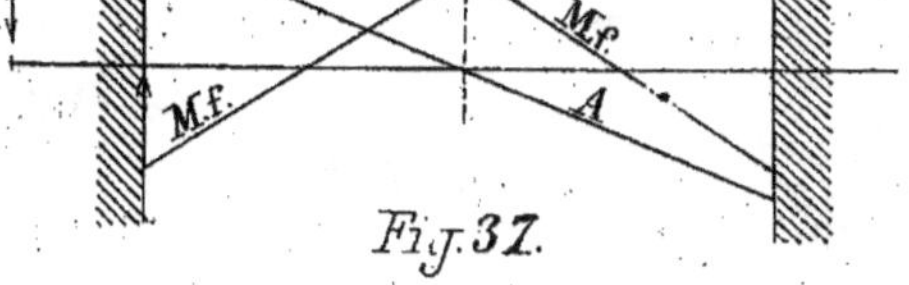

Fig. 37.

On trouve également pour le moment d'encastrement :

$$\mu = -\frac{Pl}{8} .$$

d'où :

$$M = \frac{Pl}{8} + \frac{P}{2}\,x \qquad\qquad (12)$$

Équation d'une droite.

Pour $\quad x = 0 \qquad\qquad M_B = \dfrac{-Pl}{8} = +\mu$

Pour $\quad x = \dfrac{l}{2}$ (au milieu) $\quad M_{max.} = +\dfrac{Pl}{8} = -\mu$.

Le moment fléchissant a donc des valeurs égales et de signe contraire sur les tranches d'encastrement et au milieu de la portée.

Le moment fléchissant est nul pour $x = \dfrac{l}{4}$.

5ème Problème.

Poutre encastrée à une extrémité, posée librement à l'autre, soumise à une charge uniformément répartie $P = pl$.

160. — Il n'y a plus symétrie. En projetant sur un axe vertical, on obtient :

$$A = y_1 - px \qquad\qquad (13)$$

En prenant les moments : $\quad M = \mu + y_1 x - \dfrac{px^2}{2} \qquad (14)$

le moment d'encastrement est :

$$\mu = -\frac{1}{8}\,pl^2$$

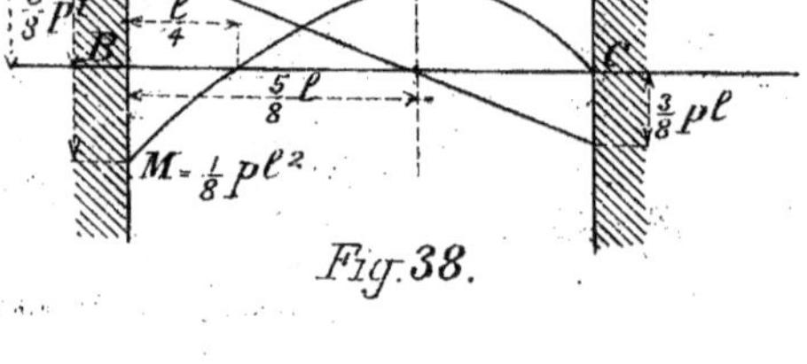

On en déduit pour les deux valeurs extrêmes de l'effort tranchant :

$$A_1 = y_1 = \frac{5}{8}\,pl$$

$$A_2 = y_2 = \frac{3}{8}\,pl.$$

Fig. 38.

Le moment fléchissant est une parabole passant par l'extrémité simplement posée et coupant la verticale de l'encastrement à une hauteur égale à $\mu = \frac{1}{8} pl^2$.

Le M_f est nul pour $x = \frac{1}{4} l$.

En résumé, l'encastrement a pour effet d'augmenter de 1/8 la pression sur l'appui correspondant, et de réduire de 1/8 la pression sur l'autre appui.

Comparaison entre la poutre encastrée ou posée, sous une charge uniformément répartie ou sous une charge massive.

161. — Il est intéressant de mettre en regard les résultats obtenus dans les deux cas, d'une poutre posée librement et d'une poutre encastrée. Nous avons groupé ces résultats dans le tableau suivant, en y ajoutant la valeur de la flèche de courbure f, qui est un élément important, mais dont nous n'avons pas indiqué le calcul qui nous aurait entraîné hors des limites élémentaires que nous nous sommes imposées.

Tableau......

Tableau.

162.

	Charge uniformément répartie	Charge unique au milieu	Comparaison
Poutre libre sur les 2 appuis	$A = \pm \dfrac{pl}{2} = \dfrac{P}{2}$ $M = \dfrac{pl^2}{8} = \dfrac{Pl}{8}$ $f = -\dfrac{5}{384}\,\dfrac{pl^4}{EI} = -\dfrac{5}{384}\,\dfrac{Pl^3}{EI}$	$A' = \dfrac{P}{2}$ $M' = \dfrac{Pl}{4}$ $f' = -\dfrac{8}{384}\,\dfrac{Pl^3}{EI}$	$A' = A$ $\dfrac{M'}{M} = 2$ $\dfrac{f'}{f} = \dfrac{5}{8}$
Encastrée, une extrémité libre	$A = pl = P$ $M = \dfrac{1}{2}pl^2 = \dfrac{1}{2}Pl$ $f = -\dfrac{1}{8}\,\dfrac{pl^4}{EI} = \dfrac{1}{8}\,\dfrac{Pl^3}{EI}$	$A' = P$ $M' = Pl$ $f' = -\dfrac{1}{3}\,\dfrac{Pl^3}{EI}$	$A' = A$ $\dfrac{M'}{M} = 2$ $\dfrac{f'}{f} = \dfrac{3}{8}$
Encastrée aux 2 extrémités.	$A = \dfrac{pl}{2} = \dfrac{P}{2}$ $M = \dfrac{5}{24}pl^2 = \dfrac{5}{24}Pl$ $f = -\dfrac{1}{384}\,\dfrac{pl^4}{EI} = -\dfrac{1}{384}\,\dfrac{Pl^3}{EI}$	$A' = \dfrac{P}{2}$ $M' = \dfrac{1}{8}Pl$ $f' = -\dfrac{1}{192}\,\dfrac{Pl^3}{EI}$	$A' = A$ $\dfrac{M'}{M} = \dfrac{3}{5}$ $\dfrac{f'}{f}\quad 2$

Chapitre 8....

Chapitre 8.

Résistance composée. — Flambage.

163 — Nous avons, jusqu'à présent, en nous appuyant sur le principe de l'indépendance des effets des forces, examiné séparément les forces agissant parallèlement à l'axe de la poutre (traction ou compression) ou perpendiculairement à cet axe (flexion directe).

Mais il faut bien prévoir le cas d'efforts quelconques, agissant obliquement.

Dans ce cas, nous avons dit qu'on procéderait à la décomposition des efforts suivant les deux directions indiquées.

a) — Les composantes parallèles à l'axe soumettront les fibres à un effort de traction ou de compression dont la tension est exprimée par la formule :

$$t_1 = \frac{F}{\omega} ,$$

ω étant la section et F la somme des composantes.

b) — Les composantes perpendiculaires à l'axe donneront des efforts de flexion :

$$t_2 = \frac{Mv}{I} \quad \text{tiré de la formule :} \quad M = t \frac{I}{v} .$$

Ces efforts s'ajouteront et l'on aura :

$$t = t_1 + t_2 \quad ou = \frac{F}{\omega} + \frac{Mv}{I} .$$

Pour que ces fibres résistent, il faut que $t \leq R$ (charge de sécurité) D'où en définitive, l'équation d'équarrissage dans le cas de la résistance composée :

$$R = \frac{F}{\omega} + \frac{Mv}{I}.$$

Il est d'ailleurs entendu que M est positif ou négatif suivant qu'il s'agit de fibres étirées ou de fibres comprimées, l'effort longitudinal dû à la flexion s'ajoutant ou se retranchant de l'effort direct F.

Flambage. —

164 — Le flambage est un cas particulier de la résistance composée. Il se produit dans la compression des pièces longues. On entend par là — la pratique l'apprend — une pièce dont la longueur dépasse cinq fois la plus petite dimension transversale.

Si la charge s'exerçait exactement suivant l'axe de la pièce, il est clair qu'il y aurait simplement écrasement de la matière, comme c'est le cas pour les pièces courtes. Mais cette condition n'est presque jamais remplie, pour les raisons suivantes :

1° — La charge peut être excentrée, même légèrement ;

2° — La matière elle même présente des différences d'homogénéité si faibles qu'elles soient, et l'axe, c'est-à-dire la ligne des centres de gravité des sections, n'est plus une ligne droite dirigée suivant la force ;

3° — Enfin la pièce est soumise à de continuelles vibrations qui donnent à chaque instant une certaine excentricité à la direction de la force parrapport à l'axe.

165....

165. — Si nous désignons par e cette excentricité dans une section transversale quelconque, G étant le centre de gravité de cette section, la force F se trouve appliquée en H, à une distance e du centre de gravité.

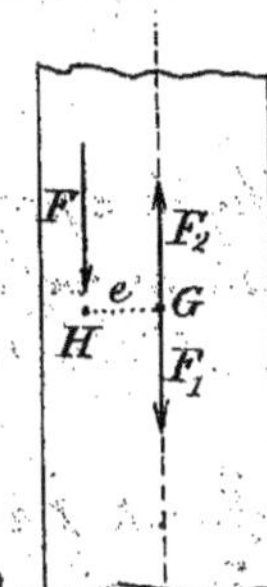

Appliquons à ce centre de gravité G deux forces égales à F et de sens contraires F_1 et F_2, nous ne changeons rien à l'équilibre. La force F_1 donnera une compression pure et simple $\dfrac{F}{\omega}$, et il restera un couple $F\,F_2'$ qui provoquera la flexion de la pièce

Fig. 39.

166. — La tension définitive sera d'après le numéro précédent :

$$t = \frac{F}{\omega} + \frac{M v}{I} \qquad (1)$$

Le moment des forces extérieures par rapport au plan des fibres neutres est :

$$M = F e.$$

En remplaçant M par cette valeur dans l'équation (1), on a :

$$t = \frac{F}{\omega} + \frac{F e v}{I}$$

et c'est cette tension qui doit être au plus égale à R', charge de sécurité à la compression

$$\frac{F}{\omega} + \frac{F e v}{I} = R'$$

d'où l'on tire

$$\frac{F}{\omega} = R' - \frac{F e v}{I} = R''$$

167. — On donne à R'' le nom de _taux apparent_ ; c'est la charge de sécurité qu'il convient d'adopter pour calculer l'effort F qu'il ne faut pas dépasser dans ce cas.

On peut aussi définir R'' en posant :

$$R'' = \gamma R'$$

Comme nous l'avons déjà indiqué à propos de la compression des pièces longues, γ étant un coefficient de réduction de la charge de sécurité usuelle R'. (n° 61)

168. — La valeur réelle du coefficient γ résulte de données empiriques. — Nous l'avons donnée précédemment en fonction du rapport $\frac{l}{b}$ de la longueur à la plus petite dimension transversale.

Les tableaux que nous avons donnés permettent toujours de calculer le coefficient γ ou la charge de sécurité R'', pour les pièces à section rectangulaire ou circulaire.

Formule de Rankine.

169. — Toutefois, on emploie souvent des profils très divers de colonnes métalliques (des cornières, fers en T, en ⊔ ou en croix), auxquels les dits tableaux s'appliquent imparfaitement.

C'est pour ce cas général qu'on peut faire intervenir la _formule de Rankine_, malgré ce que son application a d'un peu laborieux.

Cette formule, dont nous n'expliquerons pas la genèse ici, peut s'écrire :

$$R = \frac{R'}{1 + \frac{K l^2}{r^2}}$$

Le coefficient K dépend de la matière employée.

L'expérience prouve qu'on peut lui appliquer les valeurs :

Bois	Fonte	Fer	Acier

$$K = \frac{1}{7000} \quad \frac{1}{4000} \quad \frac{1}{20.000} \quad \frac{1}{15000}$$

Quant à la lettre r, elle représente ce que l'on appelle en mécanique, le _rayon de giration_ du profil, dans le sens où il a sa valeur minimum. — Dans le cas d'un double I, c'est le sens de l'âme.

Nous donnerons le moyen de déterminer le rayon de giration seulement dans deux cas de profils géométriques simples :

pour le cercle de rayon ρ, on a : $\qquad r = \dfrac{\rho}{2}$

pour le rectangle $h \times b$: $\qquad r = 0{,}576 \sqrt{\dfrac{b}{2}}$

Chapitre 9.....

Chapitre 9.

Solides d'égale résistance.

Définition.

170. — On appelle _solides d'égale résistance_ des pièces dont la section transversale varie tout le long de l'axe, de manière qu'en chaque point la matière travaille toujours au même taux, c'est-à-dire à la limite de sécurité.

Pièce posée sur deux appuis.

171 — Dans le cas d'une pièce posée sur deux appuis et chargée d'un poids uniformément réparti, nous avons vu que l'on a, pour équation d'équarrissage :

$$\frac{RI}{V} = M \text{ ou} = \frac{pl}{2}x - \frac{p}{2}x^2$$

Si la section est rectangulaire $\quad \dfrac{I}{V} = \dfrac{bh^2}{6}$,

b et h étant les dimensions de cette section, et la relation devient :

$$\frac{Rbh^2}{6} = \frac{pl}{2}x - \frac{p}{2}x^2 \qquad (1)$$

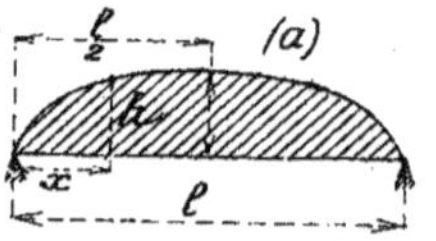

Fig. 40.

Le problème est indéterminé si b et h sont variables à la fois, sans condition, puisqu'on aurait ainsi trois variables $(b, h$ et $x)$.

Il convient donc de se donner une des dimensions.

172 _ a) _ 1ᵉʳ cas. _ <u>L'épaisseur b est constante.</u> _

L'équation (1) en h et en x, est celle d'une ellipse construite sur la longueur l, comme grand axe.

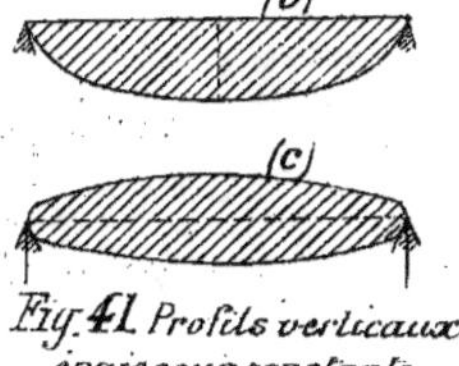

Fig. 41 Profils verticaux épaisseur constante.

Les ordonnées de la demi-ellipse représentent les hauteurs correspondantes de la poutre ; le maximum est le demi petit-axe de l'ellipse, obtenu en résolvant l'équation du second degré et en faisant :

$$x = \frac{l}{2}.$$

On a donc :

$$h_{max} = \frac{l}{2} \sqrt{\frac{3p}{bR}}$$

Quant à la forme du solide d'égale résistance, elle varie suivant qu'on veut lui donner une table horizontale (c'est alors la forme même de la demi ellipse ci-dessus) ; ou suivant qu'on veut obtenir une pièce symétrique de part et d'autre de l'axe des x. C'est alors une ellipse encore, mais dont les ordonnées sont la moitié des ordonnées de la précé-dente ellipse.

173 _ b) _ 2ᵉ cas. _ <u>La hauteur de la pièce est constante, et son épaisseur variable.</u> _

Fig. 42. Plan d'une pièce encastrée de haut.ʳ constante.

Dans la relation (1) h est constant. L'équation en x (abscisse) et b (ordonnée) est celle d'une parabole.

La forme en plan est composée de deux arcs de parabole, se coupant tous les deux sur les points d'appui.

174 — Le cas le plus général des solides d'égale résistance est celui d'une pièce encastrée, servant de support e
encorbellement ou de corbeau.

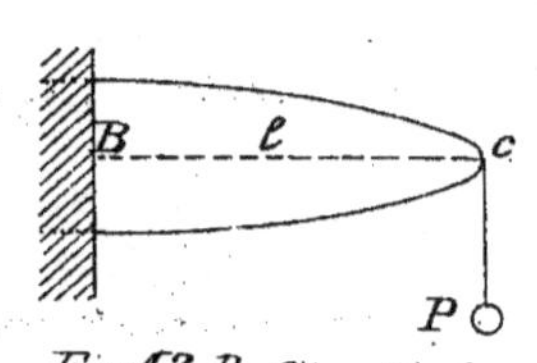

Fig. 43. Profil vertical
symétrique d'une pièce encastrée.

— Si cette pièce est chargée d'u
poids P à son extrémité libr
l'équation d'équarrissage es

$$\frac{R\perp}{N} \quad ou \quad R\frac{bh^2}{6} = P(x-l).$$

175. — a) — 1er cas — Epaisseur constante, hauteur variable

L'équation en h et x est celle d'une parabole

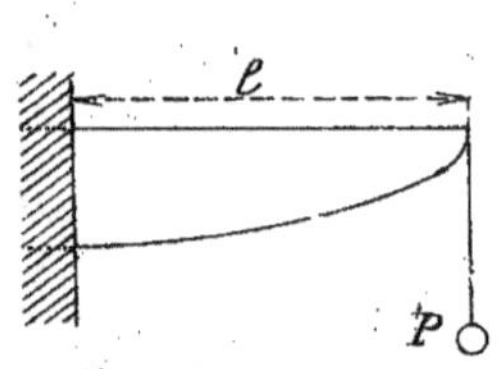

Fig. 44. Profil vertical
à table horizontale.

On peut prendre les ordonné
d'un seul côté d'une table hor
zontale, ou, si l'on veut que la
pièce soit symétrique, on po
tera de chaque côté d'un ax
horizontal la moitié de l'or
donnée de la parabole.

176. — b) — 2e cas. — Epaisseur variable, hauteur constante

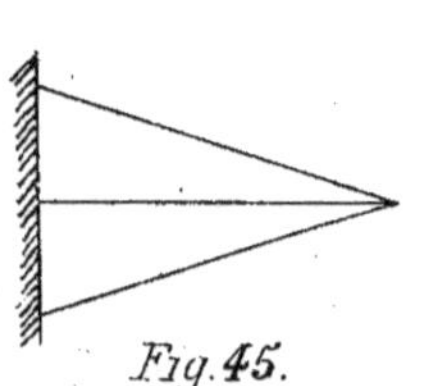

Fig. 45.

L'équation en h et x est
celle d'une droite. En portan
les ½ ordonnées de part et d'au
de l'axe, on a une pièce trian
gulaire en plan.

177. — *Si la pièce est chargée d'un poids uniformément réparti,* avec épaisseur constante,

L'équation d'équarrissage devient :

$$\frac{R b h^2}{6} = \frac{1}{2} p \left(l - x \right)^2$$

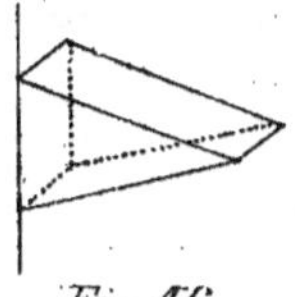

Fig. 46.

ou

$$R = \sqrt{\frac{3 p}{R b}} \left(l - x \right)$$

C'est encore l'équation d'une droite, et, dans ce cas, c'est le profil vertical longitudinal qui est triangulaire.

Effort tranchant. — 178. — Les pièces d'égale résistance sont, comme on le voit, calculées pour résister partout également au moment fléchissant. Or, dans certains cas, — celui d'une poutre reposant sur deux appuis, par exemple, — l'effort tranchant varie en sens inverse du moment fléchissant, c'est-à-dire qu'il est maximum (sur les points d'appui) quand le moment fléchissant est minimum et même nul.

En réduisant indéfiniment la section transversale, on courrait donc le risque de ne plus pouvoir résister à l'effort tranchant, et il devient indispensable de s'en inquiéter.

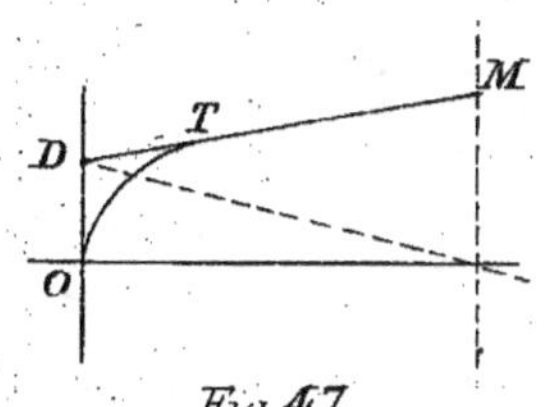

Fig. 47.

Supposons donc que la courbe OM soit celle du solide d'égale résistance déterminé par la seule considération du moment fléchissant. On devra calculer la hauteur OD pour que la section résiste à l'effort tranchant. Ce sera la hauteur que la pièce devra avoir au-dessus du point d'appui.

On raccordera alors le point D à la courbe par une droite tangente DT et le contour apparent de la pièce sera $ODTM$

Exemple. —

179. — On sait que l'effort tranchant, dans le cas d'un poids uniformément réparti est :

$$A = \frac{pl}{2} - px$$

D'autre part, si R' est la charge de sécurité au cisaillement ($= \frac{4}{5} R$ à l'extension), le travail par unité de section étant $\frac{A}{bh}$, on admet que ce travail ne doit pas excéder les $2/3$ de la charge de sécurité R', ce qui donne :

$$\frac{A}{bh} \leqslant \frac{2}{3} R'$$

ou

$$A \leqslant \frac{2}{3} R'bh$$

et enfin :

$$\frac{pl}{2} - px \leqslant \frac{2}{3} R'bh$$

équation en x et h (b étant constant) d'une droite passant par le milieu de la longueur de la pièce.

Remarque. —

180. — La répartition des efforts dans une section est telle que les fibres extrêmes (près des arêtes) travaillent beaucoup plus que les fibres moyennes.

On est ainsi conduit à évider l'âme de la pièce dont la section prend alors la forme d'un double I.

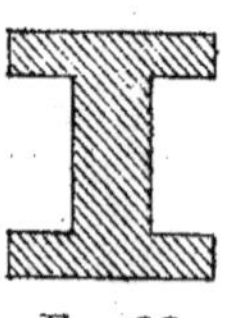

Fig. 48.

Chapitre 10.

Application de la Géométrie
à l'étude de la
Résistance des Matériaux.

(Statique graphique).

§. 1. — Considérations générales.

181. — La statique graphique a pour but de traiter les problèmes de résistance des matériaux ou plus généralement de mécanique par des épures et des tracés géométriques.

Cette partie de la science relève donc de la mécanique par son objet, et de la géométrie par ses procédés.

182. — Une force est définie par sa grandeur, sa direction et son point d'application. Elle est facile à représenter graphiquement par une ligne droite partant du point qui, sur la figure représente le point d'application, parallèle à la direction de la force, la longueur de la ligne étant proportionnelle à la grandeur de cette force.

On appelle _échelle des forces_ la longueur que l'on choisit pour représenter l'unité de force. On dira par exemple: 1 cm. par tonne (ou 1000 Kilog.) ou 5 mm. pour 100 Kilog, etc......

Composition des forces.
Polygone des forces.

183 __ Considérons un certain groupe de forces I, II, III, etc situées dans un même plan et représentées comme il vient d'être dit:

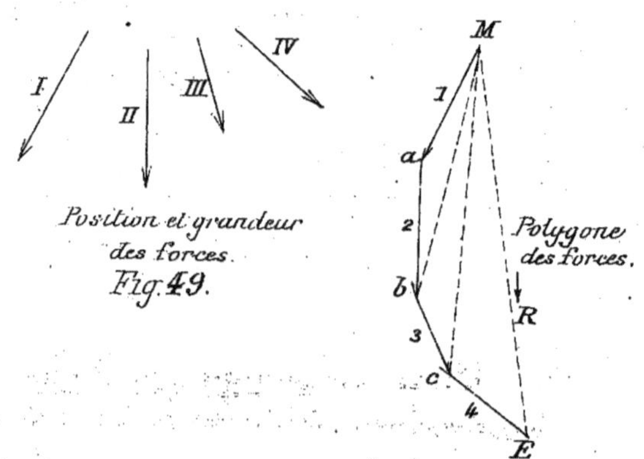

Poncelet a montré que, pour composer ces forces, il suffit de construire, à partir d'une origine quelconque M, un polygone dont les côtés successifs sont ces mêmes forces mises bout à bout, c'est-à-dire des droites parallèles à I, II, III, etc, égales à ces forces et de même sens.

184 __ _Théorème I_ __ Si le polygone des forces se ferme, c'est-à-dire si la parallèle à la dernière force aboutit au point initial M, le groupe des forces a une résultante nulle, soit que le groupe se trouve en équilibre, soit qu'il puisse se réduire à un couple.

185. _ *Théorème II* _ Si le polygone des forces ne se ferme pas, la droite M E qui joint les deux points extrêmes, est la résultante du groupe des forces considérées. Son sens doit être pris en partant du point initial M.

En sens inverse, la force E M serait celle qui ferait équilibre au groupe des forces.

Propriétés du polygone des forces. _ 186. _ a) _ La résultante est indépendante de l'ordre dans lequel on dispose les forces en traçant le polygone des forces.

187. _ b) _ Les rayons vecteurs menés de l'origine M jusqu'aux différents sommets du polygone des forces sont les résultantes partielles des forces en jeu, considérées par deux, trois, quatre, etc ....

M b, par exemple, fermant le triangle M a b, est la résultante partielle des forces I et II; _ M c est la résultante des forces I, II, III, dont elle ferme le polygone et ainsi de suite.

Cas particulier. _

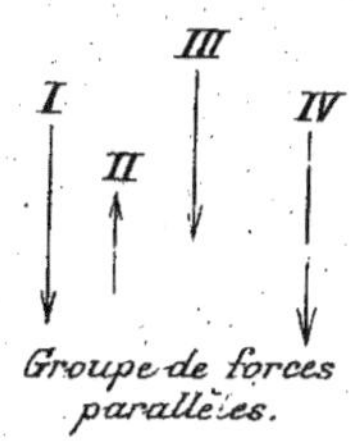

188 _ Lorsque les forces sont parallèles, la même construction est applicable; mais les forces se projettent sur une même droite, en s'ajoutant lorsqu'elles sont de même sens; en se retranchant lorsqu'elles sont de sens contraire.

Le polygone devient M a b c d (où nous avons figuré les différentes forces les unes à côté des autres pour les mettre mieux en évidence), et la résultante est en définitive M d.

189 ......

189 — Le polygone des forces permet de déterminer la grandeur et la direction de la résultante d'un système de forces. Il reste à déterminer sa position, et c'est le problème que nous allons apprendre à résoudre.

Polygone polaire (ou des vecteurs).

190 — Reprenons le système de forces quelconques I, II, III etc...., situées dans un même plan, et figurons le polygone des forces correspondant. (fig. 51.)

Au lieu de tracer la résultante M E en joignant les deux points extrêmes nous pouvons mener par ces deux points deux lignes quelconques qui se coupent en O et qu'on nomme les vecteurs, et si l'on considère M O et O E comme représentant des forces, il est évident que le système des deux forces M O, O E est équivalent au système M, A, B ..... E, car les deux systèmes ont la même résultante M E obtenue en joignant leurs points extrêmes qui sont communs.

Si maintenant nous joignons le point O qu'on appelle le pôle, aux différents sommets du polygone des forces, nous obtenons un polygone polaire, ou polygone des vecteurs, qui jouit de certaines propriétés, entre autres celle-ci :

191 — Si l'on parcourt un polygone fermé comprenant un certain nombre de côtés, du polygone des forces et les deux vecteurs qui les comprennent, par exemple a b c O a, l'ensemble des deux vecteurs a O et O c fait équilibre à l'ensemble des forces qu'ils comprennent (puisque le polygone est fermé).

Polygone funiculaire.

192. — Le polygone funiculaire qui se déduit du polygone des vecteurs, est une figure auxiliaire qui va nous permettre de placer la résultante du groupe de forces par rapport à ces forces.

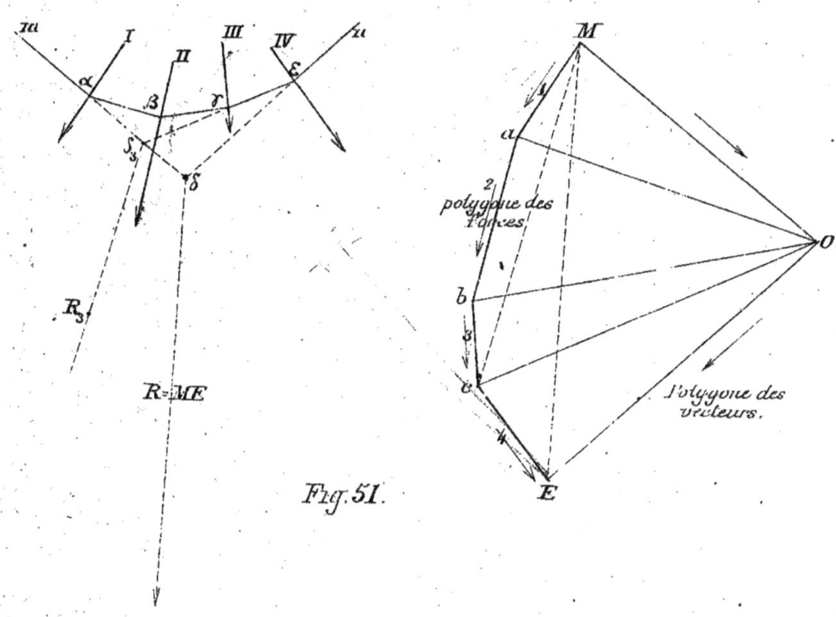

Pour le tracer, à partir d'un point m, choisi arbitrairement dans le plan des forces, menons une parallèle au premier vecteur o M, jusqu'à la rencontre de la force I en α ; puis, par ce point α, une parallèle au second vecteur o a. Cette parallèle rencontre la force II en un point β, par lequel nous menons une parallèle au vecteur o b, et ainsi de suite jusqu'à ce que du point E où le polygone ainsi formé rencontre la dernière force (IV dans le cas de la figure) nous ayons mené enfin une parallèle En au dernier vecteur OE.

Le polygone m α β .... En s'appelle le polygone funiculaire.

193. — Ce nom est justifié par la considération suivante:

En disposant de m en n un cordon ayant la même longueur que la ligne polygonale et épousant sa forme, ce cordon, sollicité aux points α β.... par les forces I, II, III, etc....., serait en équilibre si l'on admet que chaque cordon est, en outre sollicité, à partir des deux nœuds qui le limitent, par des tensions égales et contraires, mesurées par le vecteur parallèle.

En effet, chacune des forces I, II, III peut être considérée comme équilibrant les deux forces agissant suivant les côtés du polygone funiculaire qui lui sont adjacents, ces deux forces ayant la direction et la grandeur indiquées par les deux vecteurs correspondants du polygone polaire.

Exemple: la force II (ab de ce polygone) est équivalente au système ao et ob.

Détermination de la résultante.

194 — De même, en nous reportant au polygone des vecteurs, nous voyons que la résultante ME des forces I, II, III, etc..., ferme aussi le triangle MEO et peut être considérée comme la résultante des forces MO, OE qui, dans le polygone funiculaire, tendent les côtés extrêmes mα et En.

Or cette résultante passe évidemment par le point de rencontre S de ces côtés, et l'on sait qu'elle est parallèle à ME du polygone des forces.

195....

195 — Donc en résumé :

Pour avoir en position la résultante d'un système de forces I, II, III, etc..., on construira un polygone funiculaire correspondant à un système quelconque de vecteurs polaires. On prolongera les deux côtés extrêmes de ce funiculaire jusqu'à leur rencontre en S, et, par ce point, on mènera une parallèle à la ligne de fermeture M E du polygone des forces.

196 — D'une manière plus générale :

La résultante d'un nombre quelconque de forces consécutives, parmi celles qui ont servi à l'épure, passe par le point de rencontre des côtés du funiculaire qui comprennent ce groupe de forces. Elle est parallèle à la ligne de fermeture du polygone partiel formé par les forces considérées dans le polygone des forces.

Exemple. — Résultante des forces I, II, III. Chercher le point de rencontre S_3 des segments $m\alpha$ et $\mathcal{E}\gamma$ qui comprennent entre eux les forces indiquées et, par ce point, mener une parallèle à la ligne de fermeture M C du polygone des forces.

197 — La manière dont nous avons obtenu le polygone funiculaire montre qu'il y en a une infinité, d'abord parce qu'on choisit arbitrairement son point de départ m, et ensuite parce que l'inclinaison de ses côtés varie comme celle des vecteurs suivant la position du pôle choisi.

198 — La méthode semble en défaut lorsque les côtés extrèmes du funiculaire sont parallèles, puisque la figure ne présente pas de point de rencontre par où l'on puisse mener la résultante.

L'examen de ce qui se passe dans ce cas permet de lever

cette indétermination.

Dire que les côtés extrêmes du funiculaire sont paral·
lèles, c'est dire que les deux vecteurs extrêmes sont parallèles,
c'est à dire se confondent puisqu'ils passent tous les deux
par le même pôle O.

Les points extrêmes M et E sont donc sur le même vec·
teur OM.

Il peut alors se présenter trois cas :

199 — a) — Les deux points extrêmes M et E situés sur le même
vecteur ne se confondent pas.

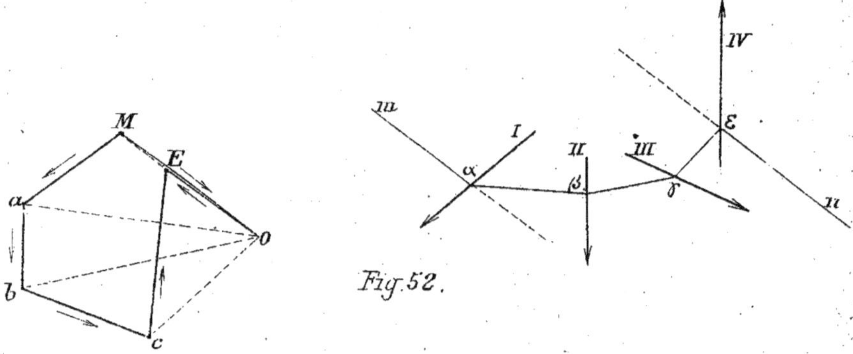

Fig. 52.

La résultante M E n'est pas nulle, mais elle est parallèle
au vecteur commun. On peut lever l'indétermination en choi·
sissant un autre pôle en dehors de la ligne M E et en construi·
sant le nouveau funiculaire.

200. ....

200 — <u>Les deux points extrêmes M et E du polygone des forces se confondent, et les côtés extrêmes du funiculaire, parallèles entre eux, puisqu'ils sont tous deux parallèles au vecteur commun, sont en outre dans le prolongement l'un de l'autre.</u>

Ce système des forces est en équilibre.

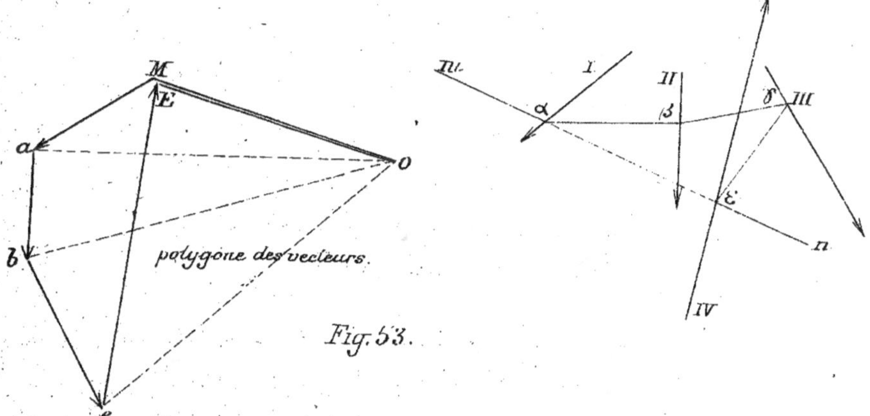

Fig. 53.

201 — c) — <u>Dans les mêmes conditions, si les deux côtés extrê-mes du funiculaire, tout en étant parallèles, ne sont pas sur la même ligne droite.</u> (fig. 54.)

Le système se réduit à un couple.

Si f est la valeur de la tension des côtés extrêmes du funiculaire, mesurée par le vecteur OM commun, et d la distance des deux parallèles sur le funiculaire, le moment du couple est fd.

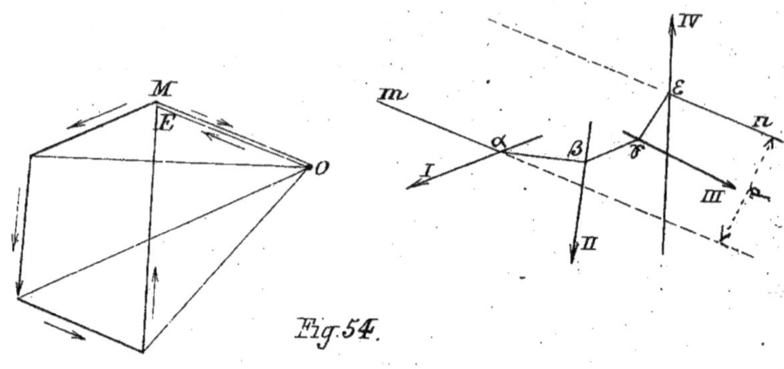

Fig. 54.

Application
à un groupe de forces parallèles.

202. — Les forces que l'on a le plus généralement à considérer dans la Résistance des Matériaux, sont des charges
verticales, et par conséquent parallèles entre elles. Il importe
donc de se familiariser avec l'application des principes précédents à des systèmes de forces parallèles.

Nous avons vu que dans ce cas, le polygone des forces
se développe sur une même ligne droite parallèle à la direction commune des charges.

Afin d'ordonner l'épure avec clarté, il sera bon de numé-
roter d'abord les forces positives, puis, à la suite, les forces
négatives. C'est ce que nous avons fait sur la figure.

Le polygone des forces se réduit à M a b c d E,
et la résultante est M E.

Pour ....

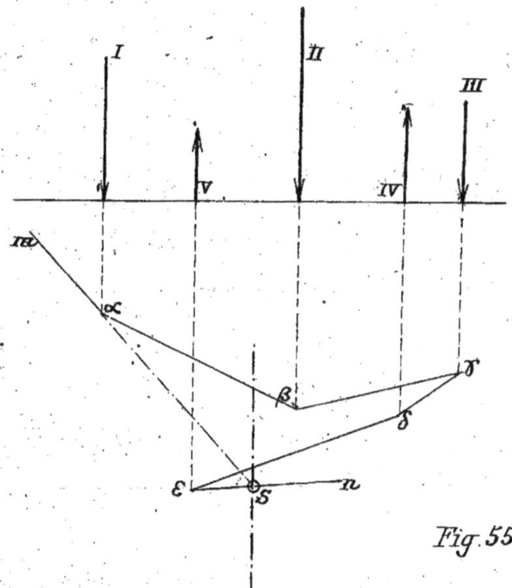

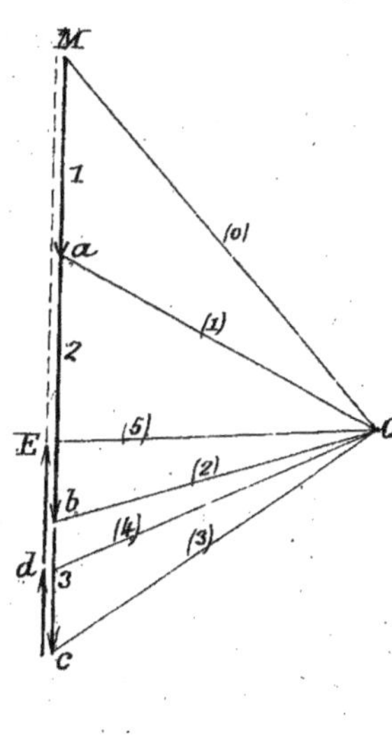

Fig. 55.

Pour construire le funiculaire, après avoir choisi un pôle O et un point de départ m, on mène, comme d'ordinaire, les côtés du funiculaire parallèles aux vecteurs dans l'ordre du numérotage.

Les côtés extrêmes sont $m\alpha$ et εn. Ils se rencontrent en S par où passera la résultante Q égale à ME.

Chapitre 11.....

Chapitre II.

Applications de la statique graphique aux problèmes sur la poutre droite.

§ I.

Poutre droite posée sur deux appuis.

a) — Cas d'un certain nombre de charges massives.

203. — Soit une poutre posée sur deux appuis et soumise à un certain nombre de charges verticales I, II, III, IV, de même sens.

Nous savons que les forces extérieures comprennent, en outre de ces forces, les deux réactions des points d'appui qui sont de sens contraire et que nous numéroterons V et VI.

Détermination des réactions.

204. — La poutre est en équilibre; par conséquent le polygone des forces doit se fermer, et les deux côtés extrêmes du polygone funiculaire doivent être dans le prolongement l'un de l'autre, c'est-à-dire que ce funiculaire se ferme aussi.

Construisons....

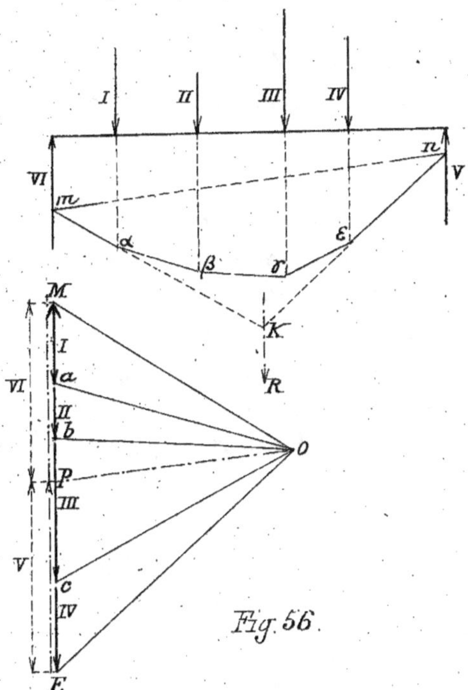

Fig. 56.

Construisons d'abord le polygone des forces en portant successivement à la suite les forces positives I, II, III, IV. Quant aux forces négatives V et VI (réactions des points d'appui) nous savons que leur somme est égale à EM puisque le polygone doit se fermer, mais nous ignorons leur grandeur respective, c'est à dire la position du point p où elles se soudent.

De même, en choisissant un pôle O, nous pourrons mener tous les rayons vecteurs, excepté celui du point p.

Enfin nous pouvons également construire la partie du funiculaire qui correspond aux vecteurs connus.

Pour cela, d'un point m pris sur la réaction de gauche, menons une parallèle au premier vecteur MO jusqu'à la force I en α; Du point α une parallèle au second vecteur aO jusqu'à la force II en β, et ainsi de suite jusqu'à ce qu'on ait mené la parallèle En au dernier vecteur connu OE.

La ligne de fermeture mn du polygone funiculaire sera

nécessairement parallèle au vecteur op, passant par le point de soudure des deux réactions V et VI, ce qui permet de mener ce vecteur et d'obtenir le point p.

La grandeur de chacune des réactions est ainsi déterminée.

Détermination de la résultante des charges.

204 — Si l'on voulait, sans s'occuper des réactions des appuis, déterminer la résultante des charges positives I, II, III, IV; on sait tout d'abord que sa grandeur est mesurée par la ligne ME du polygone des forces.

Quant à sa ligne d'action R, nous avons vu $(N°195)$ qu'elle passe par le point de rencontre K des côtés du funiculaire qui comprennent toutes les forces considérées: ces côtés sont $m\alpha$ et nE.

Détermination de l'effort tranchant. (fig. 57.)

205 — Reprenons la figure précédente dégagée des lignes inutiles et considérons une section H. D'après la méthode habituelle, on pourra faire abstraction du tronçon de droite en le remplaçant par ses réactions dans la section H sur le tronçon de gauche renversé.

Pour avoir l'effort tranchant A dans cette section, il suffira de projeter sur un plan vertical toutes les forces agissant sur ce tronçon

$$A = \Sigma F.$$

Si la section H se trouve entre le point d'appui et la première force, il n'y a pas d'autre force extérieure à considérer que la réaction VI:

$$A_o = VI$$

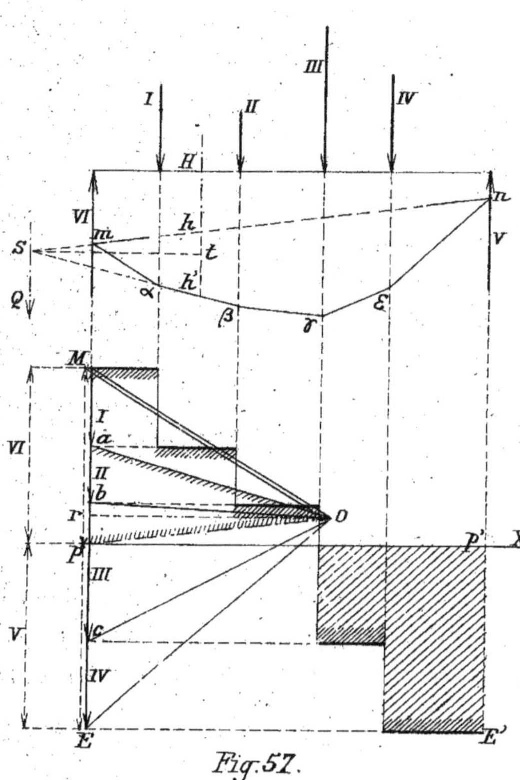

Fig. 57.

et l'effort tran-
chant conserve
cette valeur jus-
qu'à ce que H
atteigne la pre-
mière force.

Entre la pre-
mière force et
la seconde

$$A_1 = VI - I$$

Et de même,
entre la seconde
et la troisième :

$$A_2 = VI - I - II.$$

et ainsi de
suite.

206. — On peut
aisément obte-
nir une repré-
sentation géomé-
trique de l'effort
tranchant.

Prenons pour axe des x l'horizontale du point p sur le polygone des forces. C'est à partir de cet axe que nous compterons les efforts tranchants en ordonnées. La première valeur de l'effort tranchant étant : $A = VI$ ou pM, on devra mener par M une parallèle à l'axe px jusqu'à la rencontre avec la direction de la force I.

Entre I et II, $A_1 = VI - I$, c'est-à-dire $p M - M a$; nous mènerons l'horizontale du point a jusqu'à la force II; puis l'horizontale du point b jusqu'à la force III et ainsi de suite.

Autrement dit, le diagramme de l'effort tranchant est un escalier dont les horizontales partent successivement de chaque pointe des charges I, II, III, etc........

Ces horizontales passent en dessous de l'axe des x aussitôt que la somme des forces positives I, II, etc..., dépasse la valeur de la réaction VI dont il faut les retrancher.

La valeur absolue de l'effort tranchant entre la dernière force et le second point d'appui est $E'p' = Ep = V$.

Cette valeur est celle de la réaction du second point d'appui près duquel l'effort s'exerce, comme cela doit être, évidemment.

Détermination du moment fléchissant. —

207 (même figure 57) — Le moment fléchissant, M dans la même section H, est égal à la somme des moments des forces extérieures par rapport au plan de section; si l'on désigne par d la distance d'une des forces à ce plan, on aura donc :

$$M = \Sigma Fd$$

On en aura une autre expression en prenant simplement le moment de la résultante des forces extérieures.

Soit Q cette résultante; nous savons qu'elle passe par le point de rencontre S des côtés du funiculaire qui comprennent les forces dont il s'agit, c'est-à-dire celles qui agissent sur le tronçon considéré, à gauche de la section H — Ces côtés du funiculaire sont $m n$ et $\alpha \beta$ dans le cas de la figure, le point S est donc facile à déterminer, et le moment est :

$$M = Q \times st$$

st étant la distance de s au plan H.

La valeur de Q est égale à la somme algébrique des forces extérieures (ici : $VI-I=pa$).

Quant à st on peut en avoir une expression en comparant les triangles semblables $h\,s\,h'$ et $a\,o\,p$, dont les côtés sont respectivement parallèles, d'où l'on tire :

$$\frac{st}{or} = \frac{h\,h'}{pa} \quad ou = \frac{h\,h'}{Q}$$

d'où : $\qquad Q \times st$ ou $M = h\,h' \times or$.

or est la distance du pôle à la ligne des forces ME ; c'est donc une quantité constante, et l'on peut dire, par conséquent, que le moment fléchissant M est représenté, à un facteur constant près qui est la distance polaire, par le segment d'ordonnée $h\,h'$ comprise dans le polygone funiculaire.

208_ Le tracé et l'emploi de cette épure sont faciles si l'on choisit convenablement les échelles.

Échelle des forces évaluées en kilogrammes ;
Échelle des longueurs évaluées en mètres ;
Échelle des moments évalués en kilogrammètres (Kgm.)

$h\,h'$ est évalué avec la première, or avec la seconde et si cette longueur contient n unités, il suffira de prendre l'échelle des moments n fois plus petite que l'échelle des forces.

Exemple : Soit $1/n'$ l'échelle des forces,
$\qquad\quad 1/n''$ celle des moments,
$\qquad\quad n$ le nombre d'unités de la distance polaire or ;
on devra prendre :

$$\frac{1}{n''} = \frac{1}{n\,n'}$$

$\qquad\qquad\qquad\qquad\qquad b\cdot(\,Cas\dots\dots$

b) - Cas d'une charge uniformément répartie.

209. — Lorsque la poutre posant sur deux appuis est soumise à une charge uniformément répartie, le problème peut être envisagé comme un cas particulier du précédent : on peut admettre que la poutre est divisée en un certain nombre de segments supportant chacun la même charge.

Lorsque les segments deviennent de plus en plus petits, on se rapproche du cas limite où ces segments sont infiniment petits et où la charge est rigoureusement répartie d'une manière uniforme.

Le polygone funiculaire devient alors une courbe continue qu'il nous reste à définir.

210. — Si nous considérons d'abord la poutre divisée en segments égaux de longueur l, la charge partielle appliquée au milieu de chacun d'eux est lp, si p est le poids uniformément réparti par mètre courant.

Nous avons appris à tracer le diagramme de l'effort tranchant et le polygone funiculaire sur lequel il est facile ($N°$ 207) de mesurer le moment fléchissant.

211 — Effort tranchant.

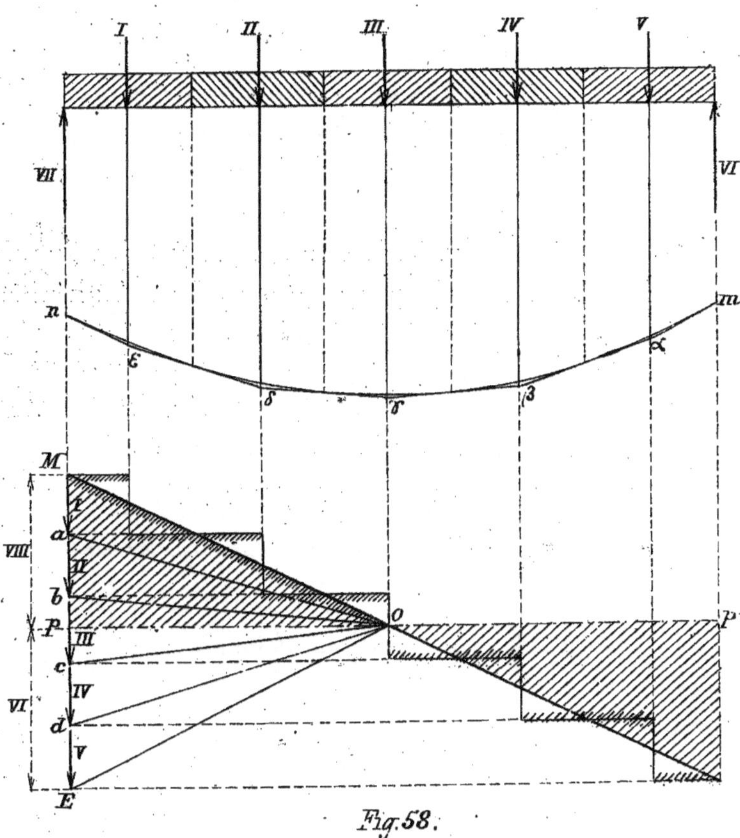

Fig. 58.

Effort tranchant. — 211. — Toutes les forces étant égales, ainsi que leur écartement, le diagramme des efforts tranchants sera un escalier à gradins parfaitement égaux.

Donc, lorsque ces gradins deviendront de plus en plus petits, le diagramme tendra à la limite à se réduire à une droite de même inclinaison que l'escalier, passant par M et aboutissant en E'.

D'ailleurs, les réactions des deux appuis sont les mêmes par raison de symétrie $Mp = p'E'$, et la droite coupe l'axe $p\,x$ au milieu de la portée.

Moment
fléchissant.

212. — *La courbe définitive des moments fléchissants est tangente à tous les côtés du polygone funiculaire obtenu pour une division quelconque en segments.* — Les deux vecteurs extrêmes indiquent donc la direction des tangentes aux deux extrémités de la courbe. *Les points de tangence sont sur les verticales menées par l'extrémité des tronçons.*

Nous n'entrerons pas dans le détail de la démonstration de ce théorème, pas plus que du suivant :

213. — *La courbe funiculaire est une parabole.*

214 — Ce que nous venons de dire d'une poutre horizontale s'appliquerait évidemment au cas d'une poutre inclinée, les charges restant d'ailleurs verticales ; toutefois, pour l'effort tranchant, il y aurait lieu de prendre la composante normale à l'axe, la composante parallèle à l'axe donnant alors un effort longitudinal de compression ou de traction.

§ 2 — Poutre ....

§. 2

Poutre encastrée à une extrémité, libre à l'autre.

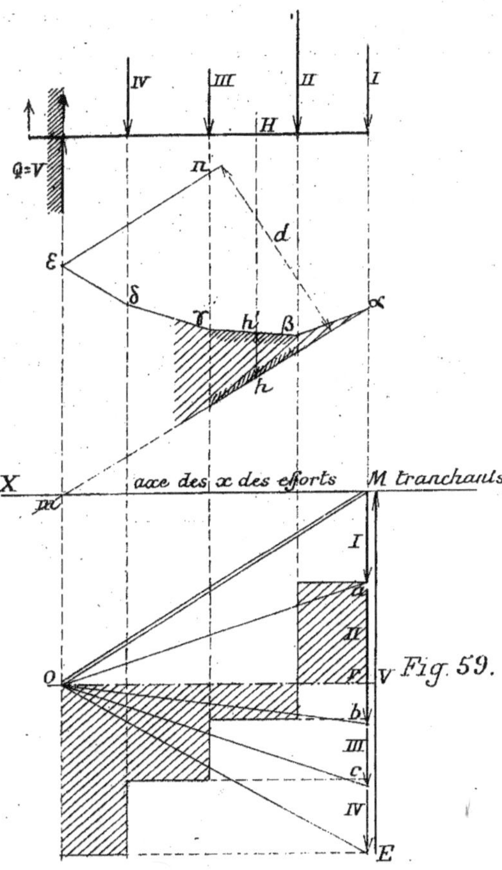

a).- Charges concentrées.

215. Les forces de réaction du point d'appui unique comprennent :

1°.— une force verticale égale à la somme des charges : $V = \Sigma F$ et dirigée de bas en haut ;

2°.— un couple d'encastrement dont le moment est égal à la somme des moments des forces extérieures par rapport à la tranche d'encastrement.

Dans le polygone des vecteurs, on se trouve en présence d'un double vecteur OM.

Si nous traçons le polygone funiculaire

en partant d'un point ε pris sur la verticale du point d'appui (qui est aussi celle de la réaction Q) on voit que les côtés extrêmes sont parallèles puisqu'ils sont parallèles au double vecteur OM.

Suivant ces deux côtés s'exerceraient des forces parallèles et opposées représentées par la longueur du vecteur OM (à l'échelle des forces) et le bras de levier du couple d'encastrement est d distance des deux parallèles.

$$\mu = OM \times d.$$

Effort tranchant.

216. — L'effort tranchant est donné par le contour brisé formé par les horizontales menées par les points $a, b, c \ldots$ du polygone des forces.

Moment fléchissant.

217. — Le moment fléchissant est mesuré par le segment d'ordonnée $h h'$ compris entre les côtés du funiculaire et le côté extrême.

Chapitre 12.

Applications de la Statique graphique aux Réseaux.

218. — On désigne sous le nom de réseaux les systèmes de charpente composés de barres réunies les unes aux autres en des points qu'on appelle des noeuds.

C'est le système de construction employé pour constituer des combles de bâtiments, aussi bien que les poutres principales ou secondaires de ponts en fer ou en bois. Il est donc, avant tout, indispensable qu'ils soient indéformables.

Dans ces conditions, on peut considérer un réseau comme un système de points en nombre déterminé (les noeuds) reliés entre eux d'une manière indissoluble. Les liens sont constitués par les barres.

219. — Les pièces prismatiques dont nous nous sommes occupés jusqu'ici étaient aussi des systèmes de points matériels à liaison. Mais les points matériels (les molécules du corps) étaient en nombre indéterminé, leur distance infiniment petite et non mesurable, et les liaisons constituées par des forces intermoléculaires.

220. — Malgré les différences qui apparaissent ainsi entre ces deux types de points matériels, les mêmes méthodes

et les mêmes procédés graphiques peuvent s'appliquer à la recherche des efforts intérieurs, et notamment la méthode des sections en isolant l'un des tronçons et remplaçant le tronçon supprimé par ses réactions sur les parties coupées.

Mais dans ce cas particulier d'un système de points matériels à distances finies et à barres de liaison bien déterminées, la statique graphique offre des artifices qui permettent d'atteindre le but plus facilement encore.

221. — Tout d'abord nous admettrons que les forces extérieures ont leurs points d'application aux nœuds mêmes du réseau. C'est la condition nécessaire pour que les barres ne travaillent pas à la flexion.

Dans la pratique, on ne peut pas toujours satisfaire rigoureusement à cette condition, sans doute ; mais il est facile alors de déterminer, pour la barre envisagée, l'effort supplémentaire qui en résulte, et l'accroissement qu'il convient de donner à ses dimensions.

222. — On suppose également que les barres sont articulées aux nœuds.

Indéformabilité. — 223. — Nous avons dit que les réseaux doivent être géométriquement indéformables.

La figure indéformable la plus simple est le triangle, et l'on conçoit immédiatement qu'un réseau, pour être strictement indéformable devra être composé de triangles (nous faisons ici abstraction des déformations inévitables qui proviennent du changement de longueur des barres, qu'elles proviennent des efforts mêmes que ces barres subissent ou de la dilatation).

Cette condition de décomposition en triangles est nécessaire et suffisante.

Il suffit de démontrer que si elle est remplie pour n nœuds, elle est remplie pour $n+1$. Or, si nous considérons un système triangulé indéformable de n nœuds et un point matériel isolé, pour relier ce point au système d'une manière indéformable, il est évident qu'il suffit de le relier à deux des nœuds du système au moyen de deux barres qui constitueront un nouveau triangle indéformable. En outre, toute liaison supplémentaire serait surabondante.

Conditions d'équilibre autour d'un nœud.

224. — Non seulement l'ensemble des forces extérieures agissant sur le réseau (y compris la réaction des points d'appui) est en équilibre, mais, autour de chaque nœud, les forces concourantes se font équilibre.

Ces forces concourantes sont les tensions des barres et les forces extérieures, s'il y en a d'appliquées spécialement au nœud considéré.

La condition d'équilibre sera remplie si le polygone des forces se ferme.

225. — Or la direction des forces est connue, tant pour les forces extérieures que pour celles qui s'exercent suivant les barres. On peut donc construire le polygone des forces, pourvu qu'il n'y ait que deux forces inconnues en grandeur.

En …

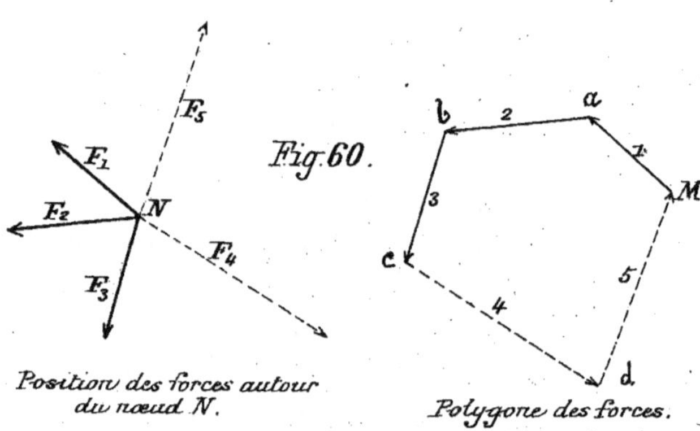

Position des forces autour
du nœud N.

Polygone des forces.

En effet, si 1, 2 et 3 sont connues en grandeur, après
avoir construit la portion de polygone M a, b, c, il suffira par M
et par c de mener des parallèles aux directions connues
des deux forces 4 et 5 qu'il reste à déterminer.

Cela posé, nous pouvons aborder la solution du
problème général qu'entraîne la recherche des efforts
dans les diverses barres d'un réseau.

1ᵉʳ Problème. —   Détermination des réactions d'un point d'appui.

226. — Un réseau triangulé posé sur deux appuis
peut être considéré comme une poutre rigide quelconque
et les réactions des points d'appui peuvent dès lors être déterminées par la méthode générale qui nous est connue.

A cet ....

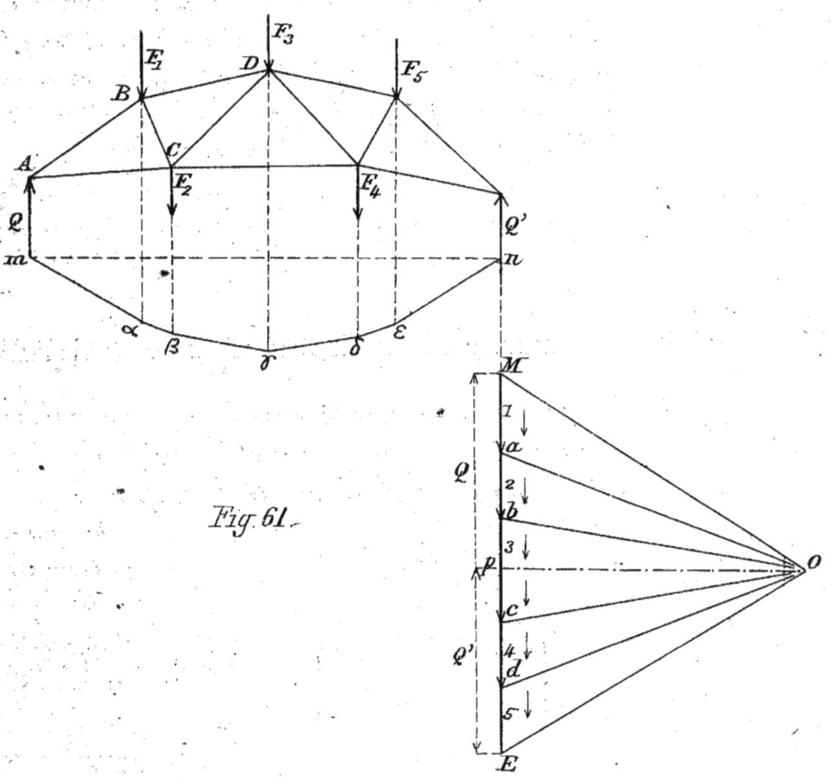

Fig. 61.

À cet effet, nous construirons tout d'abord le polygone des forces et des vecteurs, avec un pôle quelconque O. Puis, d'un point m choisi comme origine sur la verticale d'un des points d'appui, nous construirons le polygone funiculaire correspondant.

En menant, du point O, le vecteur Op, parallèle à la ligne de fermeture du funiculaire, nous aurons le point de soudure des deux réactions : Ep et pM

227. — *Nota:* — Dans le cas particulier, mais très-fréquent dans la construction, où le réseau est symétrique, ainsi que la répartition des charges, on a intérêt à prendre le pôle O sur la perpendiculaire élevée sur le milieu de la ligne M E à quoi se réduit le polygone des forces.

On sait d'ailleurs que les réactions des points d'appui sont alors, chacune égale à la moitié de la somme des charges.

2ème Problème. — Détermination des efforts autour de chaque nœud. —

228. — Une fois calculée les réactions d'appui, toutes les forces extérieures sont connues et l'on peut procéder à la détermination des efforts autour de chaque nœud.

On commence par celui qui repose sur un des appuis, ce qui n'est possible qu'à une condition: c'est qu'il ne s'y trouve pas plus de deux barres concourantes (N°. 225). Les réactions de ces deux barres font équilibre à la réaction du point d'appui : un simple triangle de décomposition suffit donc à les déterminer.

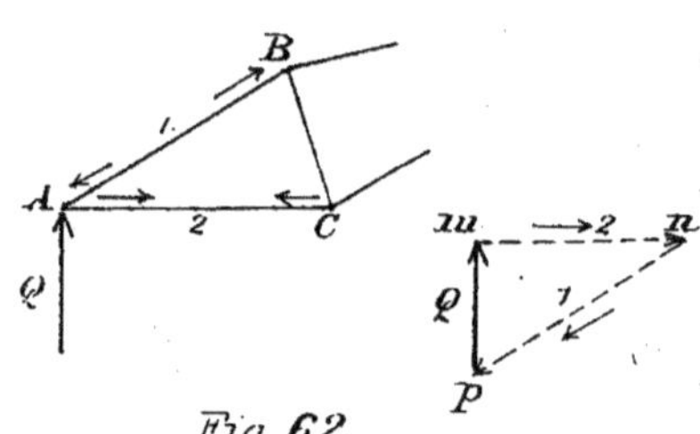

Fig. 62.

1. effort suivant AB : compression.
2. ...... suivant AC : extension.

229 — Le sens des efforts est lui-même déterminé, si l'on parcourt le triangle de décomposition, d'une manière continue.

Il y a compression si le sens de l'effort se dirige vers le nœud.
Il y a traction dans le cas contraire.

230 _ Il est évident, d'autre part, que la barre exerce sur les deux nœuds consécutifs A et B des réactions égales et de sens contraire.

Donc en passant de A en B, nous connaissons la réaction de la dite barre en grandeur et en direction.

Il sera donc possible de trouver les efforts autour de B pourvu qu'il n'y en ait pas plus de deux inconnus.

Nous allons éclaircir ces considérations en les appliquant à un exemple.

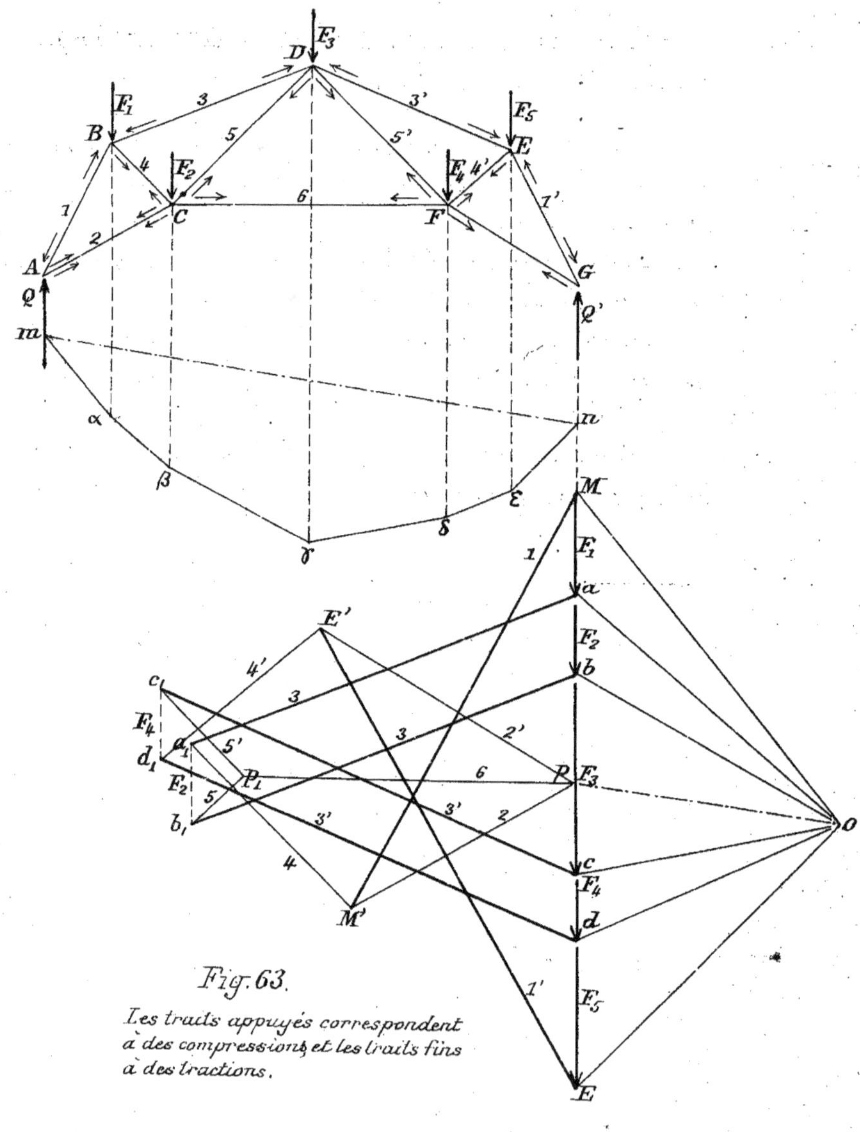

Fig. 63.

Les traits appuyés correspondent
à des compressions, et les traits fins
à des tractions.

Exemple :

231 — Reprenons donc le réseau de la figure 61 et traçons encore le polygone des forces extérieures, la réaction du point d'appui A étant $Q = pM$, et celle du point d'appui G étant $Q' = Ep$.

Nous allons déterminer successivement les forces autour de chaque nœud. (fig. 63.)

Nœud A — force connue : réaction $Q = pM$ (dans le sens pM)
forces inconnues : réactions des barres AB et AC.
diagramme : $pMM'p$, où MM' est parallèle à AB et $M'p$ est parallèle à AC.

Le sens de ces réactions indique que AB est comprimée et AC est étirée.

Nœud B. — forces connues : réaction de compression de AB et charge extérieure F_1.
forces inconnues : réactions dans les barres BD et BC.
diagramme : en se servant des lignes déjà en position, point de départ M' : réaction 1 de AB sur le nœud prise en sens contraire du précédent tracé, force F_1 ; réaction 3 de la barre BD ; réaction 4 de la barre BC : en définitive : $M'M\,a\,a$, M'. La barre BD (3) est comprimée et la barre BC (4) est étirée.

Nœud C. — forces connues : réaction de traction de AC, réaction de traction de BC, charge extérieure F_2
forces inconnues : réactions des barres CD et CF.
diagramme : point de départ de la réaction 2 en p :

réaction 2; réaction 4; charge F_2 (a, b_1); réactions 5 et 6 menées parallèlement aux barres CD et CF par les points b_1 et p. La barre CD est étirée, ainsi que la barre CF.

Nœud D. — forces connues: réaction de traction de CD, réaction de compression de BD, charge F_3.
forces inconnues: réaction des barres DE, DF.
diagramme: point de départ de la réaction 5 en p; réaction p, b_1 (5); réaction b_1 b (= et parallèle à 3); charge b c (F_3); réaction c c_1 parallèle à DE et c_1 p, parallèle à DF. La barre DE est comprimée et la barre DF est étirée.

Nœud F. E. G. — On continuerait l'épure en suivant la même méthode jusqu'au nœud correspondant au deuxième point d'appui.

Vérification. — 232 — Il est évident que les droites 1 et 2 obtenues en étudiant l'équilibre autour des nœuds E et F doivent être parallèles aux côtés EG et FG et, en outre, aboutir aux points p et E.

Remarque — 233 — Si l'on a bien suivi la méthode qui a présidé au tracé de l'épure, on aura remarqué qu'on s'est astreint à suivre un ordre déterminé dans l'établissement de chaque polygone secondaire: on a pris successivement autour de chaque nœud les forces que l'on rencontre naturellement en tournant dans le sens des aiguilles d'une montre, en commençant par la première après les réactions inconnues.

Cette condition n'est pas obligatoire puisque, comme on le sait, le polygone des forces peut être établi dans un ordre quelconque, mais les épures de statique graphique ne sont faciles et commodes que si on les établit avec un ordre et une régularité complets.

La règle que nous donnons permet d'éviter de s'embrouiller; c'est aussi le moyen le plus sûr d'utiliser constamment les lignes déjà tracées.

Cas d'indétermination.

234. — Nous avons suivi les nœuds dans l'ordre A,B,C,D, etc....., c'est-à-dire que nous avons cherché toujours à n'attaquer un nœud que lorsqu'il ne restait plus que deux réactions inconnues. C'est la condition indispensable pour que la méthode soit applicable.

Il pourrait se faire toutefois qu'on soit arrêté à un nœud présentant plus de deux réactions inconnues; mais il serait encore possible, le plus souvent, de lever l'indétermination, par l'artifice que nous allons exposer.

Méthode des sections.

235. — Pratiquons dans le réseau (figure 64) une section XY qui rencontre trois barres seulement.

Comme nous l'avons fait déjà si souvent pour les poutres prismatiques, nous pourrons supprimer toute la partie du réseau qui se trouve à droite de la section, et l'équilibre ne sera pas rompu. Mais à une condition : c'est que nous remplaçions la partie supprimée par les réactions qu'elle exerçait sur le tronçon conservé, dans le plan de section.

Ici....

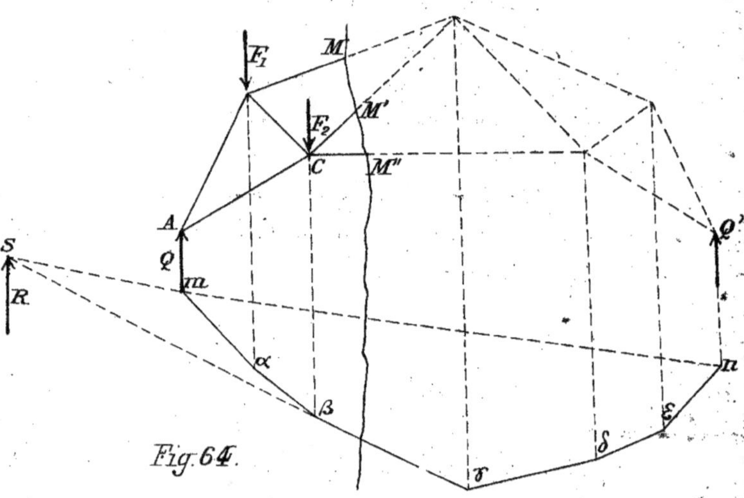

Ici, ces réactions seront des forces égales et contraires aux tensions des trois barres coupées, en M, M', M".

Les forces extérieures qui agissent sur le tronçon conservé sont connues et, par suite, on en peut déduire aisément la résultante R en grandeur. Quant à sa position, on sait qu'elle passe par le point d'intersection des deux côtés du funiculaire qui comprennent les forces conservées.

Dans l'exemple choisi, ce sont les côtés m n et β γ. Ces côtés se rencontrent en S par lequel nous mènerons la ligne d'action de la résultante R.

Dès lors, les forces en jeu se réduisent à : cette résultante R et les trois réactions en M M' M" dont on ne connaît que la direction qui est celle des barres.

Le problème peut donc se poser en ces termes :

Décomposer une force M suivant trois lignes d'action données.

Dans toute sa généralité, soit R la force, I, II et III les trois lignes d'action.

Prolongeons I jusqu'à sa rencontre avec R en V ;

Soit également V' le point de rencontre de II et III, et joignons V, V'.

On décomposera d'abord R suivant les deux directions I et VV', puis la force VV' suivant les deux directions II et III.

Le polygone des forces de la figure 65 suffit à indiquer la construction du diagramme.

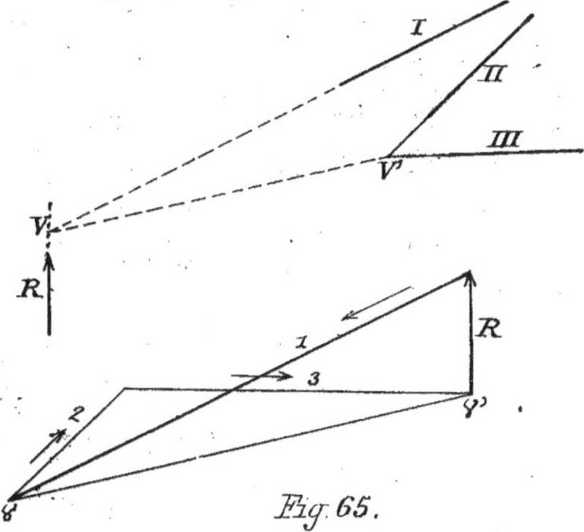

Fig. 65.

236. — Le procédé que nous venons d'indiquer peut être parfois inapplicable, si les directions données se coupent suivant des angles très-aigus.

On peut alors recourir à une seconde méthode, dite des moments dont voici le principe.

L'une des conditions de l'équilibre du tronçon considéré,

c'est que la somme algébrique des moments par rapport à un point quelconque soit nulle.

Les forces extérieures étant connues (ou leur résultante déterminée comme ci-dessus) il est toujours facile d'avoir leur moment.

Reste à déterminer celui des réactions des barres.

Or, si nous prenons les moments par rapport à un des points de rencontre de deux des barres, les moments correspondants seront nuls et il ne restera plus d'inconnu que le moment de la troisième barre.

Exemple: Soit les trois barres x, y, z coupées en M, M', M''. Prenons les moments par rapport au point C où se rencontrent y et z; il restera:

le moment des forces extérieures agissant sur le tronçon de gauche, et le moment de la réaction X.

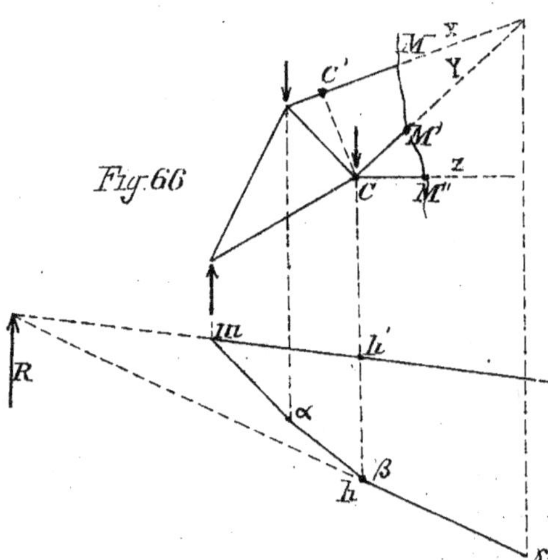

D'après les propriétés connues du polygone funiculaire, on sait que le moment des forces extérieures est:
$$M = h h' \times \text{or},$$
hh' étant la portion d'ordonnée du point C interceptée par le polygone funiculaire et or la distance polaire.

D'autre part, le moment de la

réaction X est :

$$X \times CC',$$

CC' étant la distance de C à la barre X.

On devra donc avoir, en tenant compte des signes, pour que l'équilibre ait lieu :

$$h\,h' \times or = X \times CC',$$

d'où

$$X = h\,h' \times \frac{or}{CC'},$$

et si l'on a eu soin de prendre précisément CC' pour distance polaire :

$$or = cc'$$

La réaction X est mesurée par l'ordonnée $h\,h'$ elle-même.

237. — Ce que nous venons de faire pour déterminer la réaction X, nous pouvons le répéter pour trouver Y et Z en choisissant convenablement le point par rapport auquel on prend les moments, de manière à n'avoir jamais qu'une inconnue.

Observation. — 238. — Nous avons supposé que le réseau n'avait à supporter que des charges verticales ; mais il est évident que la méthode est générale et que l'épure peut être établie quelles que soient les forces extérieures.

3ème Problème — Détermination de l'équilibre d'une poutre droite à treillis —

239. — Les pièces de charpente métallique employées dans la construction du bâtiment sont souvent constituées par des treillis dont les différentes barres peuvent être déterminées, au point de vue de l'équarrissage, par les procédés graphiques que nous venons d'exposer.

a) — Cas d'un treillis simple, chargé sur la semelle supérieure et reposant sur deux appuis. —

240 — En supposant une symétrie complète, la réaction des points d'appui sera la même et égale à $\dfrac{\Sigma F}{2}$.

Il devient inutile de construire le polygone funiculaire.

Quant au diagramme, il sera évidemment symétrique par rapport à l'axe mené perpendiculairement à la ligne des forces et par son milieu p.

Dans le cas de la fig. 67, où le nombre des forces est impair, l'axe px passe par le milieu de la ligne bc représentant la force F_3 appliquée au nœud médian.

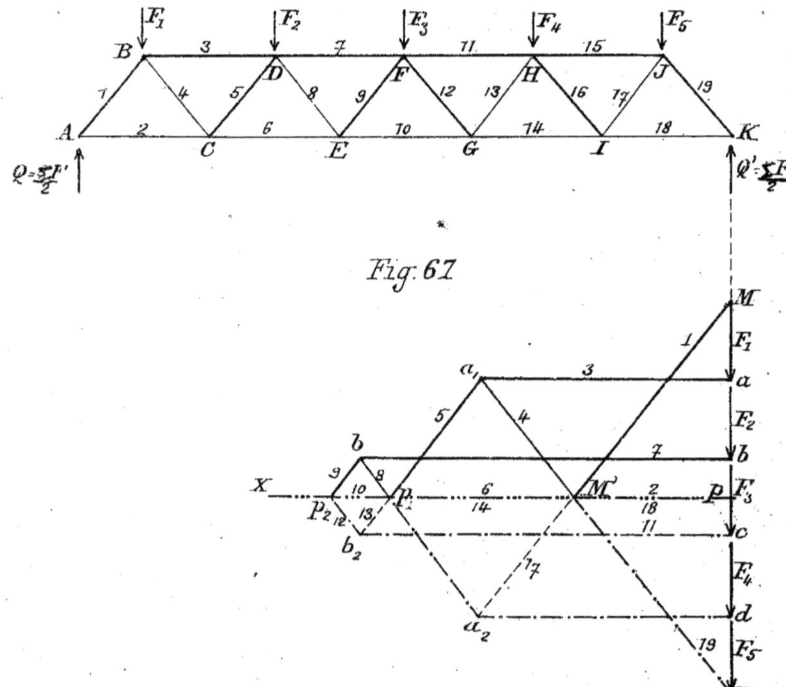

Fig. 67

149.

<u>Nœud A.</u> _ force connue: la réaction du point d'appui $Q = \frac{\Sigma F}{2}$
forces inconnues: les réactions de la barre AB et de la
semelle AC.
diagramme: $MM'p.M$ Compression de AB, Traction de AC.

<u>Nœud B.</u> _ forces connues: réaction de AB (1) et charge F_1;
forces inconnues: réaction de la semelle supérieure BD
et de la barre BC.
diagramme: $M'M a a, M'$: Compression de BD, Traction de BC.

<u>Nœud C.</u> _ forces connues: réactions de AC (2) et de (BC) (4);
forces inconnues: réactions de DC et de CE.
diagramme: $p M'a, p_1 p$: Compression de DC (5) et
Traction de CE (6)

<u>Nœud D.</u> _ forces connues: réactions de CD (5) et de BD (3), charge F_2;
forces inconnues: réactions de DF et de DE.
diagramme: $p_1 a, a b b_1 p_1$: compression de DF (7)
et traction de DE (8).

<u>Nœud E.</u> _ forces connues: réactions de EC (6), ED (8);
forces inconnues: réactions de EF et de EG
diagramme: $p p_1 b_1 p_2 p$: compression de EF (9)
et traction de EG (10)

<u>Nœud médian F.</u> _ forces connues: réactions de FE et de FD, charge F_3;
forces inconnues: réactions de FH et de FG.

Par raison de symétrie, ces réactions sont respectivement
égales à celles de 7 et de 9. _ L'épure se continuerait d'ailleurs
symétriquement à la partie déjà établie.

<u>6) _ Cas</u>....

b) — _Cas d'un treillis simple, reposant par sa semelle supérieure sur deux appuis et chargés sur la semelle inférieure._ —

2441 — Nœud A' — Diagramme: $p\,M\,M'\,p$ (1) $= M\,M'$,   (2) $= M'\,p$.

Nœud B' — Diagramme: $p\,M'\,a_1\,p_1\,p$ (3) $= a_1\,p_1$,   (4) $= p_1\,p$.

Nœud C' — Diagramme: $p_1\,a_1\,a\,a_2\,p_1$ (5) $= a\,a_2$,   (6) $= a_2\,p_1$.

Nœud D' — Diagramme: $p\,p_1\,a_2\,b_1\,b\,p_2\,p$ (7) $= b_1\,p_2$,   (8) $= p_2\,p$.

Nœud E' — Diagramme: $p_2\,b_1\,b\,b_2\,p_2$ (9) $= b\,b_2$,   (10) $= b_2\,p_2$.

Tout est symétrique ensuite.

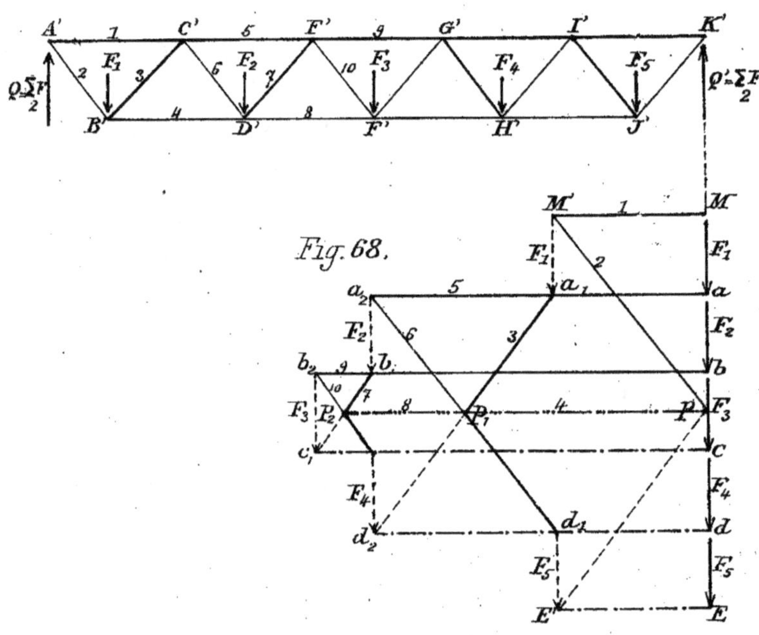

Fig. 68.

C) - <u>Cas d'un treillis double, dont les barres se recroisent, chargé sur ses deux semelles.</u>

2142. — On considèrera un treillis double comme composé de deux treillis simples analogues aux précédents et superposés, comme si les barres n'étaient pas rivées à leurs points de croisement.

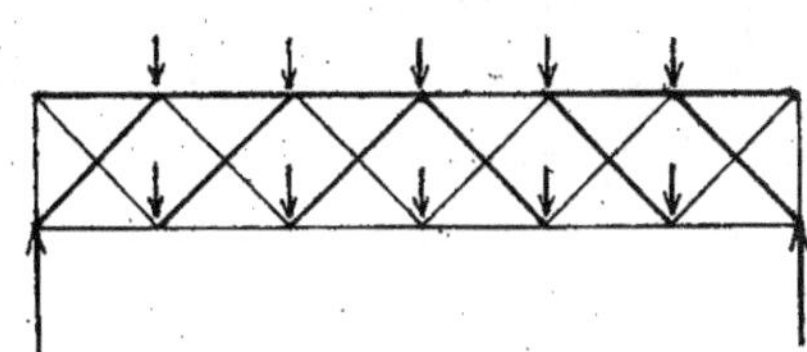

Fig. 69.

Le problème se trouve ainsi simplifié.

Des travures ouvertes.

Définition —

2143. — On dit qu'une travure est <u>ouverte</u> lorsqu'il lui manque un certain nombre de barres pour assurer son indéformabilité complète, mais quand l'équilibre est assuré néanmoins par les attaches sur les points d'appui.

Il convient alors, pour soumettre l'équilibre du système, aux déterminations graphiques, d'y introduire ces diverses réactions.

Auvent scellé dans un mur.

2144. — Ce sera par exemple la charpente d'un auvent qui ne se soutient que grâce au scellement des deux semelles dans un mur.

On peut la définir comme : <u>un réseau triangulaire maintenu</u>

en deux points fixés dont les réactions ne sont pas verticales.

La fig. 70 montre comment on construirait le diagramme des réactions développées dans les barres sans qu'il soit nécessaire d'y insister. Les réactions aux points fixes n'étant pas connues, il est clair qu'on devra choisir un autre point de départ qui se trouve bien placé à la pointe libre, en A, où il n'y a que deux forces inconnues.

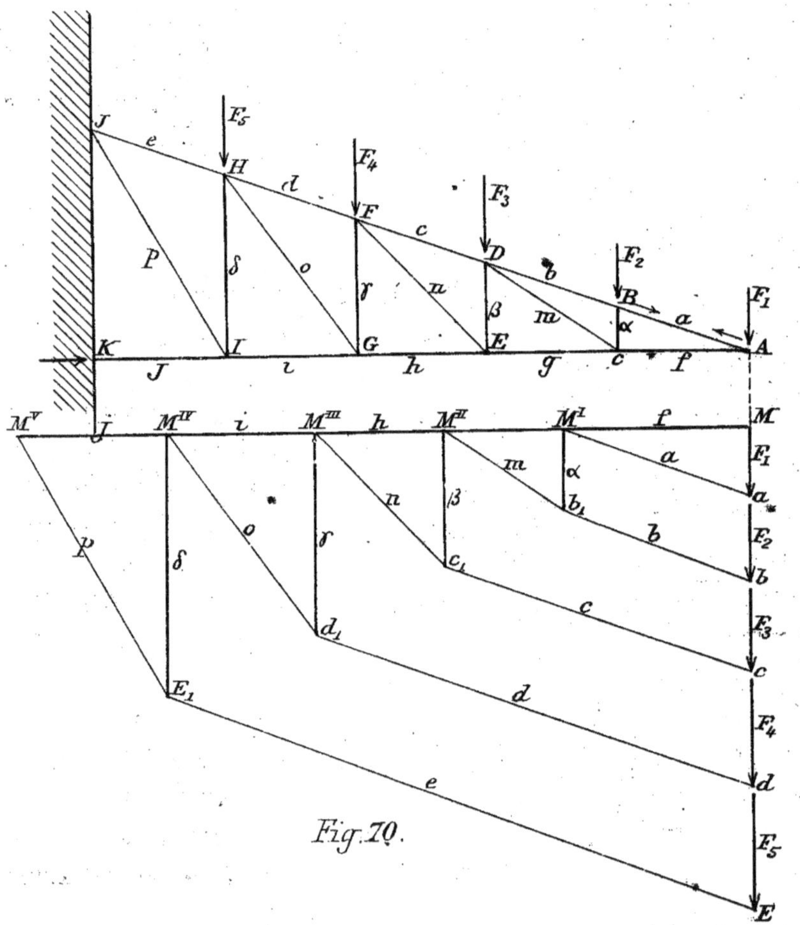

Fig. 70.

Nœud A — Diagramme : $Ma\,M'M$. (On tourne en sens inverse des aiguilles d'une montre)

Nœud B — ᵈ — $M'a\,bb,M'$.

Nœud C — ᵈ — $MM'b,M''M$.

Nœud D — ᵈ — $M''b,b\,cc,M''$.

Nœud E — ᵈ — $MM''c,M'''M$.

Nœud F — ᵈ — $M'''c,c\,dd,M'''$

Nœud G — ᵈ — $MM'''d,M^{IV}M$.

Nœud H — ᵈ — $M^{IV}d,d\,EE,M^{IV}$.

Nœud I — ᵈ — $MM^{IV}E,M^{IV}M$.

La réaction du mur en K serait dirigée suivant KJ et mesurée par $j=MM^{V}$

La réaction du mur en J, serait la résultante des deux tensions e et p.

Des systèmes à rotules.

245 — Certains dispositifs de charpentes modernes peuvent être traités par une méthode un peu différente du procédé précédent. Ce sont les systèmes à rotules.

Un pareil système comprend généralement deux demi-fermes rigides, articulées aux points où elles s'appuient l'une sur l'autre, c'est-à-dire au sommet du système.

L'avantage des rotules est de déterminer exactement le point d'application des réactions, des appuis, d'une part, et, d'autre part de chaque demi ferme sur sa voisine.

246.....

Détermination des réactions des rotules.

246 — Désignons par P la résultante des charges verticales qui agissent sur une demi-ferme (y compris son propre poids). Cette résultante est généralement facile à déterminer, en grandeur et en position.

La demi-ferme est alors en équilibre sous l'action de cette force P et des deux réactions des rotules, Q et Q'.

Les directions de ces trois forces doivent être concourantes.

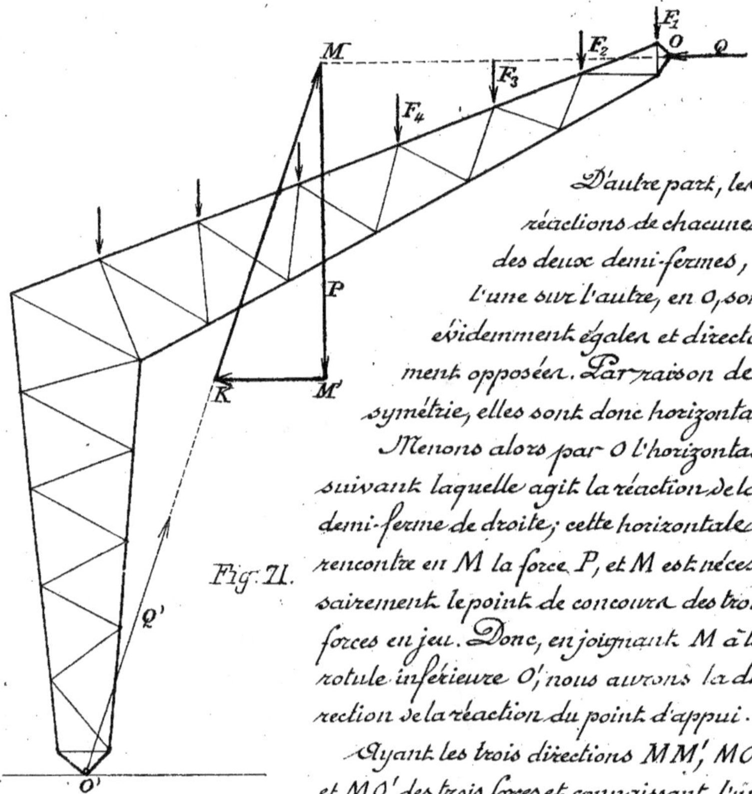

Fig. 71.

D'autre part, les réactions de chacunes des deux demi-fermes, l'une sur l'autre, en O, sont évidemment égales et directement opposées. Par raison de symétrie, elles sont donc horizontales.

Menons alors par O l'horizontale suivant laquelle agit la réaction de la demi-ferme de droite ; cette horizontale rencontre en M la force P, et M est nécessairement le point de concours des trois forces en jeu. Donc, en joignant M à la rotule inférieure O', nous aurons la direction de la réaction du point d'appui.

Ayant les trois directions MM', MO et MO' des trois forces et connaissant l'une d'elles, P en grandeur, il est facile, dès lors, d'obtenir les deux autres par un simple triangle de décomposition ; en partant du point M, par exemple, et portant MM' = P, on aura : M'K = Q, réaction de la rotule supérieure, et KM = Q', réaction de la rotule inférieure.

247. — Les réactions des rotules une fois déterminées, il ne reste plus qu'à trouver, par la méthode ordinaire, la tension de chacune des barres du réseau.

Cette détermination se fera en partant d'une des rotules où l'on connaît la réaction Q (ou Q') et où il n'y a plus, par conséquent, que deux réactions inconnues, puisqu'il n'y a que deux barres.

Table des Matières

160.

Fin.